dtv

dtv

portrait

Herausgegeben von Martin Sulzer-Reichel

Martin Morgenstern, Dr. phil., arbeitet im saarländischen Schuldienst,
Robert Zimmer, Dr. phil., lebt als freier Publizist in Berlin. Beide haben an der Universität und in der Erwachsenenbildung unterrichtet. Zahlreiche Veröffentlichungen, bei dtv bisher ›HinterGründe. Die Philosophie und ihre Fragen‹ (dtv 30709)

Karl Popper

von Martin Morgenstern

und Robert Zimmer

Deutscher Taschenbuch Verlag

Weitere in der Reihe **dtv portrait** erschienene Titel
am Ende des Bandes

*Wir danken Grete und Hans Albert
für ihre unverzichtbare Hilfe
beim Zustandekommen dieses Buches.*

Originalausgabe
Mai 2002

www.dtv.de

Umschlagkonzept: Balk & Brumshagen
Umschlagfoto: © ullstein bild
Satz und Layout: Agents – Producers – Editors, Overath
Druck und Bindung: APPL, Wemding
Gedruckt auf säurefreiem, chlorfrei gebleichtem Papier
Printed in Germany ISBN 3-423-31060-X

Inhalt

1 Popper in seiner Bibliothek

Spotlight: Sir Karl Raimund Popper

Zur Person

Er war ein klein gewachsener Mann, der in einer Menschenmenge nicht auffiel, aber im Gespräch und Vortrag eine unwiderstehliche Aura entfaltete und die Zuhörer in seinen Bann zog. Gefühle konnte er nur schwer verbergen. Seine Neigung, Widersprüche und Kritik von Diskussionspartnern mit heiligem Zorn zu verfolgen und seine Ansichten beharrlich und aggressiv zu verfechten, bis der Gegner die Waffen streckte, war gefürchtet. Der Verfechter von Liberalität und Toleranz handelte sich unter seinen Studenten so den Spitznamen »der totalitäre Liberale« ein.

Wie sein großes Vorbild, der Aufklärer Immanuel Kant (1724–1804), führte Karl Raimund Popper über Jahrzehnte ein unauffälliges, zurückgezogenes Leben, das ganz auf das Werk und die Lösung philosophischer Probleme ausgerichtet war. Als besessener Workaholic verzichtete er in seinen späteren Lebensjahren auf Auto, Fernsehen und Zeitungen. Gegen das Rauchen war er allergisch und Alkohol mied er. Sein Tagesablauf folgte einer kompromisslosen

> Ich sah Popper zum ersten Mal, als er bei einem Kongreß der Aristotelischen Gesellschaft in London am 13. Oktober 1958 die Eröffnungsrede hielt. ... Das Publikum ... wartete bereits, als Redner und Vorsitzender miteinander durch den langen Mittelgang zum Rednerpult schritten. Und mir ging auf, daß ich nicht wußte, welcher der beiden Popper war ... Aber da der eine Mann eine massive, selbstsichere Gestalt war, der andere dagegen klein und unscheinbar, hielt ich den ersten für Popper. Ich brauche wohl kaum zu erwähnen, daß ich mich damit täuschte. Dem farblosen kleinen Mann fehlte die Ausstrahlung jedoch nur, solange er nicht sprach – und selbst dann zog nicht sein Auftreten die Aufmerksamkeit aller auf sich, sondern das, was er sagte. Ich war hin und weg von seinem Vortrag.
>
> *Bryan Magee, ›Bekenntnisse eines Philosophen‹ (1998)*

»Ethik der Arbeit«, und nicht selten rief er verdutzte Freunde mitten in der Nacht an, um mit ihnen eine intellektuelle Entdeckung zu teilen. Den Zeitgeist ignorierte er, doch verzichtete er bis zuletzt nicht darauf, Zeitentwicklungen zu kommentieren.

Seine Lehrjahre verliefen allerdings turbulenter. Popper, ein Wiener jüdischer Herkunft, erlebte den Zusammenbruch der k. u. k.-Monarchie und die stürmischen Jahre der ersten österreichischen Republik. Vor den Nazis brachte er sich ins ferne Neuseeland in Sicherheit. In England, dessen Staatsbürger er wurde, fand er schließlich eine neue Heimat. Die politischen Werte des Westens verteidigte er fortan leidenschaftlich, wofür ihn 1965 die Queen zum Ritter schlug. Als er nach dem Krieg an die London School of Economics berufen wurde und sich ganz der Lehre und Forschung widmen konnte, waren auch seine Wanderjahre beendet. Fortan war er, nach eigenen Worten, »der glücklichste Philosoph, der mir je begegnet ist«. (A 180)

Seine Sprache war klar, verständlich, mitunter polemisch. Den akademischen Jargon der Berufsphilosophen verabscheute er ebenso wie die suggestive und mehrdeutige Sprache der so genannten »orakelnden« Philosophen, die er vor allem in der Tradition Georg Wilhelm Friedrich Hegels (1770–1831) und Martin Heideggers (1889–1976) ausmachte. Um sich von dieser Art von Philosophie zu distanzieren, hat er es häufig sogar abgelehnt, sich überhaupt als Philosophen zu bezeichnen. In seiner Außenseiterrolle fühlte er sich offensichtlich wohl.

Er hatte lebenslange Freunde, aber auch erbitterte Gegner, und viele seiner Schüler wandten sich frustriert von

Für Popper galt das Streben nach maximaler Klarheit als Frage der Berufsethik …

Bryan Magee,
›Bekenntnisse eines Philosophen‹ (1998)

ihm ab. In den letzten Jahren seines Lebens pilgerten nicht nur Verehrer und Kollegen zu seinem Wohnsitz im Süden Englands, auch Staatsmänner erwiesen Sir Karl ihre Reverenz. Aufmerksam und freundlich beantwortete er bis zu seinem Tod auch noch die Briefe ihm Unbekannter mit eigener Hand. Als Popper 1994 starb, bezeichneten ihn britische Zeitungen als den »hervorragendsten Philosophen des 20. Jahrhunderts«. Die Zahl derer, die diesem Urteil zustimmen, wächst.

Zur Sache

Popper stellte die Erkenntnis- und Wissenschaftstheorie auf eine neue Grundlage und er gab den Werten der westlichen, pluralistischen Demokratie ein neues philosophisches Gesicht. Er gehört zu den wenigen Philosophen dieses Jahrhunderts, die sowohl in der theoretischen als auch in der praktischen Philosophie Bahnbrechendes geleistet haben, und verband die analytische Methodik der angelsächsischen Philosophie mit den Fragestellungen der kontinentaleuropäischen Philosophie. Der von ihm begründete »Kritische Rationalismus« stellt sich bewusst in die Tradition des aufklärerischen Glaubens an die Vernunft, verbunden mit einem kritischen Bewusstsein ihrer Grenzen.

Das entscheidende Werkzeug des Popperschen Philosophierens ist die Kritik. Poppers Philosophie ist ein Angriff auf alle Dogmatismen, Orthodoxien und Totalitarismen, die sich gegen Kritik und Widerlegung verschanzen. Sie ist eine Kampfansage der Freiheit gegen jene Cliquen in Politik und Gesellschaft, die ihre Autorität mithilfe »geschlos-

Poppers Philosophie ist eine **Philosophie des Optimismus**: Sie achtet den Menschen als ein lernfähiges und ununterbrochen lernendes Wesen, das in der Lage ist, seine Irrtümer immer wieder zu korrigieren. Es gibt den Fortschritt, aber es gibt auch immer einen Fortschritt über diesen Fortschritt hinaus. Bei alledem ist Poppers Philosophie eine Philosophie der Bescheidenheit: Täuschung und Irrtum gehören für ihn untrennbar zur menschlichen Erkenntnis; über die letzten Dinge wissen wir nichts.

sener«, unangreifbarer Weltanschauungen verewigen wollen. Nicht die Ankunft im Reich endgültiger Wahrheiten ist ihr Ziel, sondern das Verringern von Irrtümern. Wir können niemals die Wahrheit einer Theorie nachweisen, aber wir können sie möglicherweise widerlegen und damit einer besseren Theorie den Boden bereiten. Genau darin besteht nach Popper die »Wissenschaftlichkeit« einer Theorie, ja »Rationalität« überhaupt: prüfbare Hypothesen klar zu formulieren, sie danach einer strengen Prüfung zu unterziehen und sie dann, falls erforderlich, zu revidieren oder zu verwerfen – nur so lässt sich Erkenntnisfortschritt erreichen.

Ebenso wichtig ist die Kritik auf dem Gebiet der Politik. Auch hier gilt es, den Traum vom Schlaraffenland, vom endgültigen und idealen Staat aufzugeben. Utopisches Denken ist menschenfeindlich, weil es dazu benutzt wird, die konkreten Bedürfnisse und Probleme des Individuums dem Fernziel der idealen Gesellschaft zu opfern. Poppers Begriff der »offenen Gesellschaft« zielt dagegen nicht auf einen endgültigen Zustand, sondern auf einen Prozess, in dem die Herrschenden sich einer ständigen Macht- und Fehlerkontrolle unterziehen und jederzeit abwählbar sein müssen. Die politische Philosophie des »Kritischen Rationalismus« ist ein Liberalismus mit sozialem Gesicht, der den Fortschritt auf dem Weg der ständigen kleinen Reformschritte sucht.

Das 20. Jahrhundert war das Jahrhundert der totalitären Großexperimente. Im Katzenjammer ihres Scheiterns wurde Poppers Plädoyer für intellektuelle Bescheidenheit und kritische Vernunft bestätigt.

Das neue Grundgesetz ist, daß wir, um zu lernen, Fehler möglichst zu vermeiden, gerade von unseren Fehlern lernen müssen. Fehler zu vertuschen ist deshalb die größte intellektuelle Sünde.

Wir müssen daher dauernd nach unseren Fehlern Ausschau halten. Wenn wir sie finden, müssen wir sie uns einprägen; sie nach allen Seiten analysieren, um ihnen auf den Grund zu gehen.

Die selbstkritische Haltung und die Aufrichtigkeit werden damit zur Pflicht. *Popper zur kritischen Grundhaltung (SbW 228)*

Wien

Ein Kind der Wiener Kultur

Wie sein Landsmann Ludwig Wittgenstein (1889–1951) entstammte Karl Popper dem liberalen jüdischen Bürgertum Wiens und wurde von der einzigartigen kulturellen Atmosphäre der österreichischen Metropole geprägt. Der Einfluss Wiens auf die Entwicklung des Philosophen Popper kann kaum überschätzt werden. In den Jahrzehnten zwischen 1880 und 1930 war Wien ein unbestrittener Mittelpunkt der europäischen Kultur, ein Schmelztiegel von Ethnien und eine Werkstatt der Moderne.

Wien war bis zum Ende des Ersten Weltkriegs kulturelles und politisches Zentrum eines Vielvölkerstaats. Die positive Erfahrung einer kulturellen und ethnischen Pluralität machte Popper zu einem Anhänger der Multikulturalität,

2 Wien: ›Blick auf die Donau vom Nußberg aus gesehen‹. Farbdruck nach einem Gemälde von Anton Hlavacek (1881)

lange bevor diese zu einem Schlagwort in der gesellschaftlichen Auseinandersetzung wurde. Zeit seines Lebens stand er der Idee eines ethnisch reinen Nationalstaats ablehnend gegenüber, er hielt ihn für einen »Mythos«, einen »irrationalen romantischen und utopischen Traum, ein Traum von Naturalismus und Stammeskollektivismus« (OG II 66). Nicht Homogenität, sondern der »Zusammenprall der Kulturen« hat für Popper wesentlichen Anteil an der Entstehung der westlichen Zivilisation. In einem 1980 in seiner Heimatstadt verlesenen Vortrag formulierte er die Vermutung, »daß ein solcher Zusammenprall nicht immer zu blutigen Kämpfen und zu zerstörenden Kriegen führen muß, sondern daß er auch der Anlaß zu einer fruchtbaren und lebensfördernden Entwicklung sein kann«. (SbW 128) Das Kulturzentrum Wien war dabei eines der augenfälligsten Beispiele.

Einen nachhaltigen Beitrag zu dieser Kultur leistete die liberale jüdische Intelligenz. Mit dem Toleranzedikt des Reformkaisers Joseph II. im Jahre 1781 wurde der Weg für die gesellschaftliche Emanzipation, den wirtschaftlichen Erfolg und die Entfaltung der kulturellen Kreativität der jüdischen Bevölkerung gelegt. Die Revolution von 1848 brachte den Juden gleiche Staatsbürgerrechte und hob Beschränkungen des Wohnorts und der Berufstätigkeit auf. Auch

Immer wieder werde ich in England und in Amerika gefragt, wie wohl die schöpferische Eigenart und der kulturelle Reichtum Österreichs und besonders Wiens zu erklären sind: die unvergleichlichen Höhepunkte der großen österreichischen Symphoniker, unsere Barockarchitektur, unsere Leistungen auf dem Gebiet der Wissenschaft und der Naturphilosophie ... Vielleicht hängt diese kulturelle Produktivität Österreichs mit meinem Thema zusammen, mit dem Zusammenprall von Kulturen. Das alte Österreich war ein Abbild Europas: Es barg fast zahllose sprachliche und kulturelle Minderheiten. Und viele dieser Menschen, die es schwer fanden, ihr Leben in der Provinz zu fristen, kamen nach Wien, wo manche, so gut es ging, Deutsch lernen mußten. Viele kamen hier unter den Einfluß einer großen kulturellen Tradition, und einige konnten neue Beiträge dazu leisten.

Popper über Wien als Kulturstadt (SbW 134f.)

nach der anschließenden Restauration des Absolutismus blieben viele dieser Erleichterungen in Kraft. Eine Folge davon war die starke Migration österreichischer Juden in die Hauptstadt Wien.

Während sich ihre gesellschaftliche und ökonomische Lage verbesserte, waren jüdische Bürger jedoch weiterhin mit Benachteiligungen und einem weit verbreiteten, vor allem im Kleinbürgertum verwurzelten antijüdischen Ressentiment konfrontiert. Obwohl in keiner anderen europäischen Großstadt so viele Juden konvertierten, wurde Wien gleichzeitig eine Brutstätte des modernen Antisemitismus. Besonders nach dem verlorenen Ersten Weltkrieg wurde die antisemitische Stimmung offener und feindseliger. Zudem entwickelte sich ein Gegensatz zwischen assimilierten, säkular denkenden, wohlhabenden Westjuden, den so genannten »Krawattenjuden«, und den zugewanderten orthodoxen und weitaus ärmeren Ostjuden, den »Kaftanjuden«. Die jüdische Emanzipation war eine fragile und spannungsreiche Entwicklung.

Im Rückblick neigte Popper dazu, die Geschichte der jüdischen Assimilation in Österreich positiv zu bewerten, und als getaufter Protestant und Anhänger der Aufklärung hat er es immer abgelehnt, seine Identität ethnisch zu begründen. Er betrachtete sich selbst nicht als Juden, doch ist weder seine Sozialisation noch sein persönlicher Werdegang ohne den jüdischen Familienhintergrund verständlich.

Die Assimilation funktionierte ... Ich glaube, daß die Juden vor dem Ersten Weltkrieg in Österreich und selbst in Deutschland recht gut behandelt wurden. Sie hatten nahezu alle Rechte, auch wenn die Tradition gewisse Schranken errichtete, besonders in der Armee. In einer vollkommenen Gesellschaft wären sie zweifellos in jeder Hinsicht gleich behandelt worden. Doch diese Gesellschaft war, wie alle Gesellschaften, recht weit davon entfernt, vollkommen zu sein: Obwohl Juden (und Menschen jüdischer Herkunft) vor dem Gesetz mit anderen gleichgestellt waren, so wurden sie nicht in jeder Hinsicht als gleichberechtigt behandelt. Dennoch glaube ich, daß die Juden so gut behandelt wurden, wie man es vernünftigerweise erwarten konnte.

Popper über die jüdische Assimilation in Österreich (A 147)

In den Jahrzehnten vor dem Ersten Weltkrieg lebten kritische österreichische Intellektuelle im Bewusstsein, einer Spätzeit anzugehören und in einem Land zu leben, in dem sich die politischen Strukturen, die gesellschaftlichen Umgangsformen und die künstlerischen Ausdrucksmittel verfestigt und zementiert hatten. Rituale und leerer Dekor waren Symptome einer gestörten Kommunikation zwischen Wissenschaft, Kunst und gesellschaftlichem Leben. In der Opposition gegen diese Verfestigungen fanden sich liberale Intellektuelle der Wiener »Spätaufklärung« ebenso wie radikale Sozialisten und, im Bereich der Kunst, die Protagonisten der Wiener Moderne. Deren Revolte hatte ihren Ursprung in der Forderung nach einer neuen Natürlichkeit, nach »Aufrichtigkeit und Wahrheit«. Gerade jüdische Künstler und Wissenschaftler waren daran beteiligt, neue wissenschaftliche und philosophische Fragen zu stellen und darüber hinaus neue »authentische« ästhetische Formen zu entwickeln.

Popper selbst wuchs in der Auseinandersetzung mit diesem reichen kulturellen Milieu auf. Sowohl gegen revolutionäre Politik im Stil der Austro-Marxisten als auch gegen die revolutionäre Formensprache der Wiener Moderne entwickelte er im Laufe der Zeit erhebliche Vorbehalte. Seine entscheidenden politischen und kulturellen Prägungen erhielt er durch die liberale, antiklerikale und rationalistische Reformbewegung der Wiener Spätaufklärung. Sie wurde durch eine im Wiener Bürgertum verwurzelte, kosmopolitisch orientierte Minderheit vertreten, die Reform anstelle von Revolution anstrebte und die Brücke zwischen jüdischen und nichtjüdischen Liberalen schlagen wollte. In ihr

---

Die **Kulturkritik der Wiener Moderne** fand Ausdruck in so unterschiedlichen Formen wie der Psychoanalyse Freuds, der Analyse der Geschlechterbeziehungen in Otto Weiningers ›Geschlecht und Charakter‹ oder in der Sprachkritik von Karl Kraus. Es entwickelte sich eine neue Formenkultur, die sich durch Schlichtheit, Strenge und Abkehr von überflüssiger Ornamentik auszeichnete. Adolf Loos revolutionierte die Architektur, Gustav Mahlers Sinfonik und Arnold Schönbergs Zwölftonmusik erneuerten die musikalische Formensprache. Ernst Mach, der für

spielte auch Poppers Vater eine nicht unmaßgebliche Rolle.

3 Poppers Eltern (um 1890)

Elternhaus und Kindheit

Karl Popper gehörte zu einer jüngeren Generation, für die die Vorkriegswelt der Donaumonarchie nur noch eine Kindheitserinnerung blieb. Geboren am 28. Juli 1902 Am Himmelhof, im westlichen Wiener Stadtteil Ober St. Veit, wuchs er im Zentrum Wiens, gegenüber dem Stephansdom, auf. Dort, Am Bauernmarkt 1, im Ersten Wiener Bezirk, unterhielt sein Vater eine Anwaltskanzlei.

Wie Karl Kraus oder Ludwig Wittgenstein war Popper Sohn eines Vaters, der es zu Wohlstand und gesellschaftlichem Ansehen gebracht und seinen Kindern so die materielle Voraussetzung für eine Hinwendung zu Kunst und Wissenschaft geschaffen hatte. Dr. Simon Siegmund Carl Popper wurde 1856 in Raudnitz, dem heutigen tschechischen Roudnice nad Labem, in Nordböhmen geboren. Seine Familie kam ursprünglich aus dem mittelböhmischen Kolin, aus dem auch der Sozialreformer Josef Popper-Lynkeus (1838–1921), ein entfernter Verwandter der Familie, stamm-

die Wiener Moderne einflussreichste Philosoph, versuchte, durch einen radikalen Positivismus die Philosophie auf eine nichtmetaphysische, wissenschaftliche Grundlage zu stellen. Robert Musil schrieb mit dem ›Mann ohne Eigenschaften‹ einen der klassischen Romane der Moderne. Wittgensteins ›Tractatus logico-philosophicus‹ leitete eine Wende der europäischen Philosophie ein und erschloss, ebenso wie zuvor der aus Böhmen stammende Schriftsteller Fritz Mauthner, Sprache als zentralen Gegenstand philosophischer Reflexion.

te. Poppers Großeltern väterlicherseits, Israel Popper (1821–1900) und Anna Popper, eine geborene Löwner (1828–1910), gehörten dem jüdischen Kleinbürgertum an. Sie wechselten häufig den Wohnort und ließen sich schließlich in Wien nieder. Neben Simon hatten sie zwei Söhne, Leopold und Siegfried, sowie die beiden Töchter Camilla und Hedwig.

Wie seine beiden Brüder studierte Simon Popper Rechtswissenschaften in Wien, wo er promovierte und als Anwalt, Sozialreformer und Literat Karriere machte. Er schaffte den Aufstieg vom Kleinbürgertum ins einflussreiche liberale Establishment. Als »Meister vom Stuhl« der Freimaurerloge »Humanitas« engagierte er sich in mehreren sozialen Hilfsorganisationen, die u. a. ein Kinderheim, ein Obdachlosenasyl und einen »Verein gegen Verarmung und Bettelei« betrieben. Seine politische Haltung war durch das Vorbild des englischen Philosophen John Stuart Mill (1806–1873), des Begründers des modernen Liberalismus, geprägt. Er engagierte sich für eine laizistische, auf den Grundfreiheiten des Individuums aufbauende Gesellschaft, die zugleich ihre Verantwortung gegenüber den sozial Schwächeren wahrnehmen sollte. Simon Popper dichtete, übersetzte und beteiligte sich am publizistischen Meinungsstreit. Seine Kritik am klerikal geprägten österreichischen Ständestaat, die Satire ›Anno Neunzehnhundertzehn. In Freilichtmalerei‹, veröffentlichte er unter dem Pseudonym Siegmund Carl Pflug. In seinem Arbeitszimmer hingen Portraits von Darwin und Schopenhauer. Vor

4 Bücher von Poppers Vater

allem aber war er Besitzer einer umfangreichen philosophischen Bibliothek von etwa 14 000 Bänden. Teile davon haben seinen Sohn ein Leben lang begleitet. Es war eine für die fortschrittliche Intelligenz der k. u. k.-Zeit typische Bibliothek. Schopenhauer und Kierkegaard wurden vor allem durch ihre ethischen Schriften als Gegenpole einer moralisch erstarrten Gesellschaft gelesen und in dieser Weise auch vom jungen Popper rezipiert. Popper nutzte die väterliche Bibliothek und machte mit den Schriften Schopenhauers eine seiner ersten philosophischen Leseerfahrungen.

Über die Mutter fand die Kunst und vor allem die Musik Eingang in Poppers Leben. Jenny Popper wurde 1864 in Wien geboren und hatte nicht unerheblichen Anteil am sozialen Aufstieg ihres Mannes. Ihre Eltern, Max Schiff (1829–1903) und Karoline Schiff (1839–1908), geb. Schlesinger, waren Angehörige des wohlhabenden Wiener Großbürgertums. Max Schiff stammte aus Breslau und besaß in Wien eine Schirmfabrik. Jenny hatte fünf Geschwister: Helene, Otto, Walter, Dora und Arthur, von denen alle eine höhere Ausbildung erhielten und in künstlerischen und akademischen Berufen arbeiteten. Die Großeltern Schiff waren feste Größen im Musikleben Wiens und zählten zu den Mitbegründern der »Gesellschaft der Musikfreunde Wiens«. Zu den Verwandten der Großmutter Karoline Schiff gehörte u. a. der Dirigent Bruno Walter (1876–1962). Jenny Popper machte ihren Sohn mit der klassischen Musik vertraut. Popper selbst hatte eine beträchtliche musikalische Begabung geerbt und blieb sein Leben lang ein leidenschaftlicher Musikliebhaber. Er bezeichnete

Ich besitze noch seinen Platon, Bacon, Descartes, Spinoza, Locke, Kant, Schopenhauer und Eduard von Hartmann; John Stuart Mills ›Gesammelte Werke‹ in einer deutschen Übersetzung, herausgegeben von Theodor Gomperz, dessen ›Griechische Denker‹ er sehr schätzte; die meisten Werke von Kierkegaard, Nietzsche und Eucken und die von Ernst Mach; Fritz Mauthners ›Kritik der Sprache‹ und Otto Weiningers ›Geschlecht und Charakter‹ …; und Übersetzungen von Darwins Werken.

Popper über die Bibliothek seines Vaters (A 7)

die Musik später als »eines der dominierenden Themen meines Lebens« (A 71) und hielt sie wie Schopenhauer und Nietzsche für die höchste aller Künste.

Simon Popper und seine Frau Jenny wurden am 3. April 1892 in der Wiener Hauptsynagoge in der Seitenstettergasse getraut. Schon acht Jahre später, 1900, konvertierten die Eltern mit ihren beiden Töchtern, Emilie Dorothea (geb. 1893) und Anna Lydia (geb. 1898), zum Protestantismus, ein Akt, der auch unter liberalen Juden meist auf Ablehnung stieß. Karl, das dritte Kind und der einzige Sohn, wurde bereits in ein protestantisches Elternhaus hineingeboren.

Karl war ein hoch begabtes und zugleich hoch sensibles Kind, das mit der in jener Zeit verbreiteten Pauk- und Züchtigungspädagogik große Schwierigkeiten hatte. Deshalb war es eine kluge Entscheidung der Eltern, ihn von seinem sechsten bis zu seinem elften Lebensjahr auf die »Freie Schule« zu schicken, eine von seinem Vater und dessen progressiven und liberalen Freunden geförderte Privatschule. Es war eine für das frühe 20. Jahrhundert außerordentlich liberale und fortschrittliche Schule, in der nicht der übliche Lerndrill herrschte, sondern die intellektuelle Neugier der Schüler geweckt wurde. Die »Freie Schule« war eine Insel der Reformpädagogik, in die der auch in österreichischen Schulen verbreitete Antisemitismus keinen Eingang fand.

5 Popper und seine beiden Schwestern Emilie Dorothea (rechts) und Anna Lydia (links)

Nach fünf Jahren »Freie Schule« ging Popper zunächst 1913 auf das mathematisch-naturwissenschaftlich ausgerichtete Realgymnasium im Dritten Bezirk. Wegen des langen Schulwegs wechselte er bereits 1914 auf das humanistische Franz Josef Gymnasium im heimischen Ersten Bezirk. Hier begann Poppers unglücklichste Zeit als Schüler. Sowohl mit der chauvinistischen Kriegspropaganda als auch mit den Anfeindungen seines antisemitischen Lateinlehrers konfrontiert, reagierte Popper mit psychosomatischen Störungen und entwickelte eine ausgesprochene Abneigung gegen den Schulbetrieb. Im Herbst 1917 wechselte er frustriert wieder auf das Realgymnasium, das er ein Jahr später endgültig verließ.

Entscheidende geistige Impulse in Poppers früher Jugend gingen vom Elternhaus selbst aus. Hier wurden zahlreiche lange wirkende Lektüreerlebnisse vermittelt. Dazu gehörte die literarische Sozialutopie ›Ein Rückblick aus dem Jahre 2000 auf das Jahr 1887‹ von Edward Bellamy, die Poppers Vorstellungen von einer idealen und gerechten Gesellschaft beförderte. Wie viele Kinder im deutschsprachigen Raum war der junge Karl auch ein begeisterter Leser von Karl May, über den er noch als Erwachsener stundenlang plaudern konnte. Eine besondere Rolle spielte die durch die Mutter vermittelte Bekanntschaft mit Selma Lagerlöfs ›Wunderbare Reise des kleinen Nils Holgersson mit den Wildgänsen‹.

Die elterliche Wohnung war ein Ort intensiver kultureller Anregung, geistigen Austauschs und intellektueller Begegnung. Zahlreiche Musiker, aber auch Kollegen des Vaters und Bekannte aus dem Bereich der Wissenschaft, Kultur

---

Das erste Buch, das einen großen und bleibenden Eindruck auf mich machte, wurde meinen beiden Schwestern und mir … von meiner Mutter vorgelesen. … Es hieß in der ausgezeichneten deutschen Übersetzung ›Wunderbare Reise des kleinen Nils Holgersson mit den Wildgänsen‹. Viele, viele Jahre lang las ich das Buch mindestens einmal im Jahr; und im Laufe der Zeit las ich mehrere Male wahrscheinlich alles, was Selma Lagerlöf geschrieben hat. *Popper über seine frühe Lektüre (A 7f.)*

und Politik verkehrten im Hause Popper. Zu den engsten sozialen Kontakten der Familie gehörte z. B. Rosa Freud (1856–1939), die Schwester Sigmund Freuds, und unter Poppers Kindheitsbekanntschaften war auch Konrad Lorenz (1903–1989), der spätere Begründer der Verhaltensforschung. Popper und Lorenz verband eine lebenslange, von gegenseitigem Respekt getragene Freundschaft, die sich auch später in gemeinsamen Auftritten und Diskussionen niederschlug. Einfluss auf Poppers geistige Entwicklung hatten vor allem Arthur Arndt, ein Sozialist und Freund der Familie, und der Onkel Walter Schiff, Professor für Ökonomie an der Wiener Universität und Mitglied der reformerischen »Sozialpolitischen Partei«.

6 Die Wohnung der Poppers in Wien

Es war der 20 Jahre ältere Arthur Arndt, der den jungen Popper mit den Ideen des Sozialismus bekannt machte. Arndt, der als Student an den russischen Aufständen von 1905 teilgenommen hatte, nahm den jungen Karl mit auf die Treffen und Wanderungen der »Monisten«, einer Gruppe von Freidenkern, die, philosophisch von Ernst Haeckel (1834–1919) und Ernst Mach (1838–1916) geprägt, sozialistisches und marxistisches Gedankengut vertraten.

Arndt war auch, noch mehr als mein Vater, an der Bewegung interessiert, die von den Schülern von Ernst Mach und Wilhelm Ostwald begründet wurde: von den sogenannten Monisten … Die Monisten waren an den Naturwissenschaften interessiert, an der Erkenntnistheorie und an dem, was heute »Wissenschaftstheorie« genannt wird.

Popper über seine Bekanntschaft mit dem Monismus (A 9)

Poppers Kindheit war anregend, materiell abgesichert, aber keineswegs unbeschwert. Der Vater war für den jungen Karl ein gesuchter intellektueller Gesprächspartner, der aber emotionale Distanz zu seinem Sohn hielt und aufgrund seines ausgefüllten Arbeitstages und seiner zahlreichen sozialen Verpflichtungen nur selten erreichbar war. Einzig zur Mutter entwickelte sich eine lebenslange enge emotionale Bindung. Offensichtlich gestört war das Verhältnis Karls zu seinen Schwestern, die er in seiner Autobiographie ›Ausgangspunkte‹ nicht mit Namen erwähnt. Karl war ein eigenwilliges, auf Bevormundung und Kritik extrem gereizt reagierendes Kind, das sich Widernisse sehr zu Herzen nahm. Ausgeprägt war auch seine strenge Orientierung an moralischen Werten, die die Grenze zum Moralisieren zuweilen überschreiten konnte. Beide Schwestern hatten den gleichen starken Eigenwillen wie ihr Bruder, ihr Hang zu künstlerischer Betätigung und schwärmerischer Sinnlichkeit vertrug sich aber offenbar schlecht mit dessen puritanisch-idealistischer Mentalität.

Poppers Kindheit endete unter dem Schatten des Ersten Weltkriegs. An seinem 12. Geburtstag, dem 28. Juli 1914, erklärte Österreich-Ungarn Serbien den Krieg. Karl fand einen Brief des Vaters vor, in dem dieser sich wegen der Ereignisse für seine Abwesenheit entschuldigte. Poppers Vater teilte die allgemeine Kriegseuphorie nicht. Symptomatisch für die Endzeitstimmung, die sich im Hause Popper ausbreitete, ist eine Szene aus dem November 1916, als die gesamte Familie am Fenster stand und den Begräbniszug für den verstorbenen Kaiser Franz Joseph beobachtete. Das Ende des alten Österreich war eingeläutet.

> An die Stelle der alten dualistischen Vorstellungen sind mehr und mehr monistische getreten. Tausende und Abertausende finden keine Befriedigung mehr in der alten, durch Tradition oder Herkommen geheiligten Weltanschauung; sie suchen nach einer neuen, auf naturwissenschaftlicher Grundlage ruhenden einheitlichen Weltanschauung. Diese Weltanschauung der Zukunft kann nur eine monistische sein ... *Ernst Haeckel,*
> *aus dem Gründungsaufruf des deutschen Monistenbundes (1906)*

Portrait des Philosophen als junger Rebell

Österreich stand 1918, am Ende des Ersten Weltkriegs, vor einer radikalen Neuorientierung. Das Land gehörte zu den Verlierern des Kriegs, der Vielvölkerstaat löste sich in einzelne Nationalstaaten auf, und das deutschsprachige Restösterreich blieb als europäischer Kleinstaat zurück. Große Teile der österreichischen Intelligenz wie auch der Bevölkerung hatten Mühe, sich mit diesem neuen Österreich zu identifizieren. Das Jahr 1918 war ein Jahr der Niederlage, der sozialen und ökonomischen Verluste, aber auch ein Jahr der Aufbruchsstimmung. Die in der k. u. k.-Monarchie versteinerten gesellschaftlichen Strukturen sollten nun aufgebrochen, die überfälligen politischen und sozialen Reformen endlich angepackt werden.

Auch der junge Popper wurde von der allgemeinen Aufbruchsstimmung erfasst. Mit dem Ende des Kriegs, als 16-Jähriger, vollzog er in seinem Leben einen radikalen Schnitt. Er verließ Schule und Elternhaus und schloss sich in den unruhigen Jahren 1918–20 der sozialistischen Arbeiterbewegung an. Die Familie hatte mit dem staatlichen Zusammenbruch einen erheblichen materiellen Einbruch erlitten. Der Vater hatte seine Ersparnisse verloren und konnte seine Familie kaum noch ernähren. Die drei Kinder waren gezwungen, sich ihren Lebensunterhalt selbst zu verdienen. Die beiden Schwestern erlernten Berufe, Dorothea wurde Krankenschwester, Anna Tanzlehrerin. Der junge Karl entschloss sich, im Winter 1919/20 in das Barackenlager im Wiener Stadtteil Grinzing zu ziehen, um seinem Vater finanziell nicht auf der Tasche zu liegen. Grinzing war

---

Die **Grinzinger Baracken**, ein ehemaliges Armeehospital, erlangten Berühmtheit als Ort eines alternativen, gemeinschaftlich organisierten Lebens, das Studenten, Exilanten, politische Oppositionelle, Sozialisten und Kommunisten aller Art anzog. Die neuen Eigentümer gehörten selbst dem linken politischen Spektrum an und überließen die Unterkünfte mietfrei an Freunde und Bekannte.

für Popper Teil eines antibürgerlichen Lebensprojekts. Er war entschlossen, nicht nur den politischen Kampf der Arbeiterklasse, sondern auch die Bedingungen proletarischer Existenz zu teilen. Er begann damit, sein Geld als Straßenarbeiter, durch Privatstunden, vor allem aber im sozialpädagogischen Bereich zu verdienen. So arbeitete er in Sozialeinrichtungen der Freud-Schüler Siegfried Bernfeld und Alfred Adler, die Betreuungsstätten für sozial benachteiligte Kinder in den Wiener Arbeiterbezirken gegründet hatten.

All dies stand im Zeichen des politischen Engagements. Der Marxismus des frühen 20. Jahrhunderts war noch keine tote Staats- und Machterhaltungsideologie, die die Diktatur einer Funktionärspartei rechtfertigte. Die Ausbeutung der Arbeiterklasse, die Marx beschrieben hatte, war im Wien des ausgehenden 19. und beginnenden 20. Jahrhunderts Realität. Popper wuchs in einer Stadt auf, die von großen sozialen Gegensätzen, von Armut, Wohnungsnot und Nationalitätenkonflikten geprägt war. Der Marxismus war für einen jungen, politisch interessierten Intellektuellen in zweierlei Hinsicht attraktiv: Er entsprach dem Impuls nach sozialer Gerechtigkeit und radikaler Veränderung und lieferte gleichzeitig ein theoretisches Gerüst, mit dessen Hilfe man historische und gesellschaftliche Entwicklungen erklären und einordnen konnte.

Im Dezember 1918 war die »Freie Vereinigung Sozialistischer Mittelschüler« gegründet worden, der Popper beitrat. Sie arbeitete eng mit anderen sozialistischen Organisationen zusammen und bewegte sich ideologisch auf die Position der im November 1918 gegründeten Kommunistischen Partei Deutsch-Österreichs (KPDÖ) zu. Popper wurde von

---

Eines der großen Probleme, die mich schon als Kind bewegten, war das fürchterliche Elend in Wien. Dieses Problem beschäftigte mich so stark, daß ich fast nie davon loskam ... Männer, Frauen und Kinder hungerten und litten unter Kälte, Obdachlosigkeit und Hoffnungslosigkeit. Aber wir Kinder konnten nicht helfen. Wir konnten nicht mehr tun, als ein paar Kreuzer zu erbitten, um sie den Armen geben zu können.

Popper über die sozialen Gegensätze um die Jahrhundertwende (A 4)

der Parteiführung der KPDÖ als Botengänger eingesetzt und erhielt so auch Einblicke in die Entscheidungs- und Machtmechanismen der Partei.

Poppers Flirt mit dem Kommunismus war intensiv, aber nur kurz. Am 15. Juni 1919 kam es in der Wiener Hörlgasse zu einem blutigen Zusammenstoß zwischen Anhängern der KP und der Polizei – ein Ereignis, das Popper später zu einem weltanschaulichen »Schlüsselerlebnis« erklären sollte. In Wien tobte ein Machtkampf zwischen regierenden Sozialisten und oppositionellen Kommunisten. Die Regierung hatte am 14. Juni kommunistische Parteiführer verhaften lassen. Demonstranten belagerten am darauf folgenden Tag die Polizeistation in der Hörlgasse, eine Aktion, die von der Parteiführung insgeheim als Putsch geplant war. Popper befand sich unter den Demonstranten. Die Polizei erschoss 12 Demonstranten, über 80 wurden verletzt.

Wie Poppers unmittelbare politische Bewertung des Vorfalls war, lässt sich nicht mehr rekonstruieren. Als sicher kann gelten, dass er emotional erschüttert war. In seiner Autobiographie richtet er sich vor allem gegen die Haltung der kommunistischen Funktionäre, die solche Tote im Dienst der Sache rechtfertigten. Sie sahen sich als Diener eines historischen Determinismus, der dem Einzelnen lediglich die Rolle zuwies, durch »Einsicht in die Notwendigkeit« der historischen »Mission« der Arbeiterklasse zu dienen. Dies widersprach zutiefst Poppers Überzeugung, wonach es eine individuelle moralische Verantwortung den Opfern gegenüber gab. Hier dagegen waren Menschenleben leichtfertig für die Ideale anderer aufs Spiel gesetzt worden. Der Gegensatz zu den Parteifunktionären,

Als ich jedoch in die Parteizentrale kam, traf ich dort auf eine ganz andere Einstellung: Die Revolution verlange solche Opfer; sie seien unvermeidlich. Zudem bedeute dies einen Fortschritt, denn es mache die Arbeiter noch wütender auf die Polizei und sorge dafür, daß sie sich des Klassenfeindes bewußt würden … Ich ging nie wieder dorthin: Ich war der marxistischen Falle entkommen.

Popper über die Zusammenstöße in der Wiener Hörlgasse (LP 310)

denen es nicht um private Schicksale ging, sondern die sich als Werkzeuge des historischen Fortschritts sahen, war unüberwindlich. Die Abkehr vom Marxismus tat seinem sozialen Engagement jedoch keinen Abbruch und noch bis weit in die 30er-Jahre bekannte er sich zu einem demokratischen Sozialismus.

7 Popper mit 18 Jahren

In dasselbe Jahr fällt Poppers zweites, von ihm so genanntes »Schlüsselerlebnis«. Die Erfahrungen mit Adler führten zu einer Desillusionierung und einer bleibenden kritischen Einstellung zur Psychoanalyse. Deren Thesen deckten sich nicht mit Poppers eigenen Erfahrungen im Umgang mit Kindern. Doch abweichende Beobachtungen veranlassten Adler nicht zu einer Korrektur seiner Theorie, sondern zu einer die Theorie bestätigenden Erklärung der Abweichung. Auch hier trat Abschottung und Immunisierung gegenüber Kritik an die Stelle einer offenen, rationalen und wissenschaftlichen Einstellung.

Eine solche verkörperte für Popper dagegen Albert Einstein (1879–1955), der für ihn immer ein leuchtendes Vorbild der Wissenschaftlichkeit blieb. Auch mit Einstein verbindet sich ein entscheidendes Erlebnis aus dem Jahr 1919.

Freuds Epos vom Ich, Über-Ich und Es kann kaum mehr Anspruch auf Wissenschaftlichkeit erheben als Homers Sammlung von olympischen Skandalgeschichten.

Popper über Freuds Psychoanalyse (VuW I. 53 f.)

Psychoanalyse ist jene Geisteskrankheit, für deren Therapie sie sich hält.

Karl Kraus, Werke III, S. 351

Popper war bis dahin ein Anhänger der Newtonschen Gravitationstheorie und der traditionellen euklidischen Geometrie gewesen. Am 29. Mai bestätigte sich durch die Beobachtung zweier englischer Astronomen in Brasilien eine Voraussage Einsteins, die seine Relativitätstheorie stützen sollte: dass nämlich die Lage von Fixsternen in unmittelbarer Nähe der Sonne während einer Sonnenfinsternis gegenüber der normalerweise beobachteten Lage abweicht, verursacht durch die von der Relativitätstheorie behauptete Krümmung der Lichtstrahlen. Was Popper faszinierte, war nicht nur, dass sich Einsteins Voraussagen bestätigten, sondern vor allem, dass er seine Theorie der Überprüfung durch die Erfahrung ausgesetzt hatte, dass er also das Risiko der Widerlegung eingegangen war.

Bis 1924 hatte sich Popper nicht auf einen bestimmten Lebensweg festgelegt, sondern experimentierte mit mehreren Lebensentwürfen. Noch ganz im Einklang mit seiner Sympathie für sozial nützliche Arbeit steht die Tischlerlehre, die er von 1922–1924 absolvierte. Die Arbeit in der Werkstatt des Tischlermeisters Adalbert Pösch deutete er im Nachhinein auch als eine philosophische Lehrzeit eigener Art. Pösch wurde ihm zu seinem persönlichen Wiener Sokrates. Sokrates, der die Athener Bürger im 5. Jahrhundert v. Chr. in Gespräche über die Grundlagen ihres Wissens verwickelte, blieb immer, im Gegensatz zu Platon, ein philosophisches Vorbild Poppers. Sokratische Bescheidenheit gegenüber den eigenen Erkenntnisansprüchen wurde zur Grundlage seiner Erkenntnis- und Wissenschaftstheorie. In Anlehnung an die Aussage des Sokra-

8 Albert Einstein in seinem Berliner Arbeitszimmer (1921)

tes »Ich weiß, dass ich nichts weiß« formulierte er sein philosophisches Lebensmotto: »Ich weiß, dass ich nichts weiß – und kaum das.«

Doch die Arbeit mit Meister Pösch lehrte ihn noch mehr: dass nämlich dem gesunden Menschenverstand der so genannten »einfachen« Menschen oft mehr Vertrauen zu schenken ist als dem aufgeblasenen Jargon der akademischen Philosophen. »Das Schlimmste«, so schrieb Popper später, »die Sünde gegen den Heiligen Geist – ist, wenn die Intellektuellen versuchen, sich ihren Mitmenschen gegenüber als große Propheten aufzuspielen und sie mit orakelnden Philosophien zu beeindrucken. Wer's nicht einfach und klar sagen kann, der soll schweigen und weiterarbeiten, bis er's klar sagen kann.« (SbW 100). Dass Popper zeitlebens eine Abneigung gegen jargonbehaftete »orakelnde« Philosophie hatte und einer der sprachlich klarsten und lesbarsten Philosophen des 20. Jahrhunderts geworden ist, liegt auch in seiner ausgeprägt praxisorientierten Ausbildung begründet.

Ein zweiter ins Auge gefasster Lebensentwurf war der des Musikers. Für Popper, Spross einer Musikerfamilie, war der Umgang mit Musik seit früher Kindheit vertraut. Als Kind hatte er Violinstunden gehabt und sich das Klavier- und Orgelspielen selbst beigebracht. Im Herbst 1919 wurde er Mitglied in Arnold Schönbergs »Verein für musikalische Privataufführungen«. Zu Schönbergs damaligen

> Adalbert Pösch sah Georges Clemenceau zum Verwechseln ähnlich, aber er war ein sanfter und gutmütiger Mann. Nachdem ich sein Vertrauen gewonnen hatte, teilte er oft, wenn wir allein in der Werkstatt waren, seinen wahrhaft unerschöpflichen Schatz an Wissen mit mir ... Ich vermute, daß ich über Erkenntnistheorie mehr von meinem lieben allwissenden Meister Pösch gelernt habe als von irgendeinem anderen meiner Lehrer. Keiner hat so viel dazu beigetragen, mich zu einem Jünger von Sokrates zu machen. Denn mein Meister lehrte mich nicht nur, daß ich nichts wußte, sondern auch, daß die einzige Weisheit, die zu erwerben ich hoffen konnte, das sokratische Wissen von der Unendlichkeit meines Nichtwissens war.
>
> *Popper über seinen Meister Adalbert Pösch (A 1f.)*

Schülern gehörte auch der spätere Komponist Hanns Eisler, wie Popper ein junger Sozialist, der in den Grinzinger Baracken wohnte. Popper hatte zunächst die Musik Mahlers und Schönbergs bewundert. Doch dem unmittelbaren Kontakt mit Schönberg folgte die Distanzierung. Er begann, Schönbergs Atonalität wie die gesamte Musik der klassischen Moderne vehement abzulehnen. Später hat er mehrfach Schubert als den letzten großen Komponisten bezeichnet.

Im Jahre 1921 trennte sich Popper von Schönbergs Verein und schrieb sich am Wiener Konservatorium ein. Grundlage der Aufnahme war eine von ihm selbst komponierte, sich an Bach anlehnende Fuge. Doch auch das Musikstudium brach er schließlich ab, weil er sich für nicht begabt genug hielt.

Schließlich entschied sich Popper für eine Lehrerausbildung. Inzwischen hatte er 1922 die Matura, das Abitur, im zweiten Anlauf nachgeholt, nachdem er ein Jahr zuvor in den Fächern Latein und, ironischerweise, in Logik durchgefallen war. 1924 schloss er eine doppelte Berufsausbildung ab: Er legte die Gesellenprüfung als Tischler ab und erwarb im selben Jahr an der Universität die Befähigung zum Grundschullehrer. Da es zunächst schwierig war, eine Lehrerstelle zu bekommen, nahm er 1924 eine Tätigkeit als Erzieher in einem Hort für schwer erziehbare Kinder auf und sammelte Erfahrungen in der pädagogischen Praxis. Diese Tätigkeit qualifizierte ihn auch für die Aufnahme in das neu gegründete Pädagogische Institut, wo er zunehmend mit philosophischen Fragen konfrontiert wurde. Es war weniger die Praxis, die fortan sein Leben dominierte.

Poppers Abneigung gegenüber **Schönberg** richtete sich vor allem gegen das, was er später als »subjektivistische« und als »historizistische« Kunstauffassungen bezeichnen sollte. Danach ist Kunst zum einen Ausdruck der Persönlichkeit des Künstlers und zum anderen Teil einer ästhetischen Fortschrittsentwicklung, die durch die avantgardistischen Ausdrucksmittel der modernen Kunst verkörpert wird. In Schönberg sah Popper einen Repräsentanten beider Auffassungen.

Der sozial engagierte junge Rebell begann sich auf die Philosophie zuzubewegen.

9 Arnold Schönberg (1874–1951)

Von der Psychologie zur Erkenntnistheorie: Ein Seiteneinsteiger wird Philosoph

Das österreichische Schul- und Bildungswesen erlebte nach dem Ersten Weltkrieg eine durchgreifende Reform. Besonders im »roten« Wien, wo die Sozialisten die absolute Mehrheit hatten, wollten sie unter Federführung des Bildungsreformers Otto Glöckel (1874–1935) die autoritären Lehrmethoden durch ein Konzept ersetzen, das die aktive Mitarbeit der Schüler förderte und theoretisches Lernen mit praktischer Ausbildung verband. Ein Ergebnis dieser Reform war das 1925 neu gegründete Pädagogische Institut, eine autonome Lehrerausbildungsstätte, die das pädagogische Studium eng an die wissenschaftliche Ausbildung der Universität anbinden wollte. Bereits 1922 hatte Glöckel Karl Bühler (1879–1963), einen Vertreter der Gestaltpsychologie, aus Dresden an die Wiener Universität berufen. Nicht zuletzt wegen der aus der Gestaltpsychologie ableitbaren sozialreformerischen Pädagogik hielt man Bühler für geeignet, die von den Sozialis-

Im neuen Österreich gab es für die Intellektuellen genug positive Arbeit. Für Leute wie Hans Kelsen oder Karl Bühler gab es wenig Grund zum Zweifel an der Möglichkeit, Werte im praktischen gesellschaftlichen Leben zu verwirklichen.

Allan Janik/Stephen Toulmin, ›Wittgensteins Wien‹ (1972)

10 Karl Bühler

ten in Gang gesetzte Reform der Grund- und Hauptschulen theoretisch zu fundieren. Der Besuch seiner Vorlesungen war Teil des Pensums der Studenten am Pädagogischen Institut.

Popper gehörte zum ersten Studentenjahrgang des Instituts. Die pädagogische Reformbewegung entsprach seinen gesellschaftspolitischen Vorstellungen. Eine rein akademische Existenz lehnte er ab. »Ich habe nie ein Akademiker werden wollen«, schrieb er viele Jahre später, »sondern ein Schullehrer in den Fächern Mathematik, Physik, Chemie, Biologie«. (Brief an M. Morgenstern vom 17.12.1992) In diesen Fächern strebte er eine Lehramtsbefähigung für Hauptschulen an.

Er widmete sich der neuen Aufgabe mit Idealismus und der für ihn charakteristischen rigorosen Arbeitsethik. Zu Vergnügungen und einem leichten Leben konnte er nie ein Verhältnis gewinnen. Kaffeehäuser betrachtete er mit Naserümpfen. Bergsteigen statt Alkohol, klassische Musik statt frivolem Swing, ernsthafte Lektüre statt Trivialliteratur – das waren seine Prinzipien auch in der Freizeitgestaltung. Andererseits hat sich Popper nie gerne in eine von außen oktroyierte Disziplin gefügt, wenn sie nicht von der

Karl Bühler hatte in seiner Schrift ›Die Gestaltwahrnehmung‹ (1913) die Auffassung vertreten, dass die Wahrnehmung von Objekten nicht durch eine passive Aufnahme von Sinnesdaten zustande kommt, sondern durch einen aktiven Prozess, der die Sinnesdaten zur Wahrnehmung der »Gestalt« eines Gegenstandes formt und verarbeitet. Die Gestaltpsychologie war auch Grundlage einer ganzheitlichen Theorie des Lernens, bei der dem Lernenden selbst eine aktive und schöpferische Rolle zukam.

eigenen Einsicht getragen wurde. Sein Studium gestaltete er selbstständig und behielt sich die Freiheit der Auswahl vor.

Neben seiner Lehrerausbildung absolvierte Popper gleichzeitig ein Psychologie- und Philosophiestudium an der Universität. Bereits mit seinem Schulabgang hatte er begonnen, Vorlesungen an der Wiener Universität zu hören, zunächst als Gasthörer, und ab 1922, nachdem er als »Externer« das Abitur nachgeholt hatte, als eingeschriebener Student. 1919 hatte er auch schon Einsteins Vorlesung in Wien gehört, ohne allerdings zunächst viel zu verstehen. Sein Freund und Kommilitone Max Elstein führte ihn in die Relativitätstheorie ein.

Seine Interessen waren breit gestreut, und er schnupperte in verschiedensten Fachrichtungen. Allerdings profitierte der bereits weit fortgeschrittene Autodidakt wenig von den meisten akademischen Veranstaltungen. Seine positiven Erfahrungen im Fach Mathematik, in dem er auf »schöpferische Mathematiker von Weltruf« (A 50) traf, hingen eng mit Hans Hahn, einem Vertreter des Wiener Kreises, zusammen, der erst 1921 seinen Wiener Lehrstuhl eingenommen hatte. Seine Vorlesungen, so Popper, »erreichten einen Grad der Vollkommenheit, den ich nie wieder angetroffen habe«. (A 50) Hahn machte ihn u. a. mit

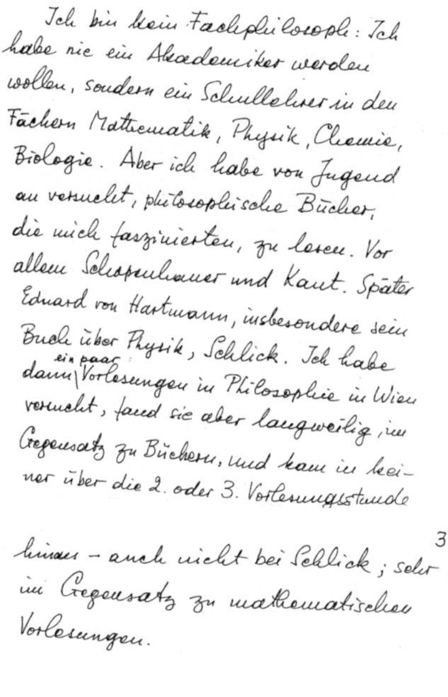
Ich bin kein Fachphilosoph: Ich habe nie ein Akademiker werden wollen, sondern ein Schullehrer in den Fächern Mathematik, Physik, Chemie, Biologie. Aber ich habe von Jugend an versucht, philosophische Bücher, die mich faszinierten, zu lesen. Vor allem Schopenhauer und Kant. Später Eduard von Hartmann, insbesondere sein Buch über Physik, Schlick. Ich habe dann ein paar Vorlesungen in Philosophie in Wien versucht, fand sie aber langweilig, im Gegensatz zu Büchern, und kam in keiner über die 2. oder 3. Vorlesungsstunde

3

hinaus – auch nicht bei Schlick; sehr im Gegensatz zu mathematischen Vorlesungen.

11 Poppers Brief an Martin Morgenstern vom 17. Dezember 1992 (Auszug)

(...) ich habe von Jugend an versucht, philosophische Bücher, die mich faszinierten, zu lesen. Vor allem Schopenhauer und Kant. Später Eduard von Hartmann, insbesondere sein Buch über Physik, Schlick. Ich habe dann ein paar Vorlesungen in Wien versucht, fand sie aber langweilig, und kam in keiner über die 2. oder 3. Vorlesungsstunde hinaus – auch nicht bei Schlick, sehr im Gegensatz zu mathematischen Vorlesungen.

Aus Poppers Brief an M. Morgenstern vom 17. 12. 1992

Whiteheads und Russells ›Principia Mathematica‹ vertraut, einem 1910–1913 erschienenen Werk, das die Mathematik auf logische Prinzipien zurückführte und zugleich den Anstoß für eine logisch und wissenschaftlich orientierte Philosophie gab.

Für Popper war die Verbindung von Lehrerausbildung am Pädagogischen Institut und psychologisch-philosophischem Studium an der Universität nicht nur eine Pflicht, sondern entsprach auch weitgehend seinen Interessen. Seine individuelle Denkentwicklung wurde vor allem durch eine Auseinandersetzung mit zwei Strömungen der zeitgenössischen Psychologie und Philosophie gefördert, die an die Transzendentalphilosophie Immanuel Kants anknüpften. Popper setzte sich damit schon sehr früh in einen Gegensatz zum Wiener Kreis, der in der Tradition des Empirismus David Humes (1711–1776) und des Positivismus des 19. Jahrhunderts stand.

Die philosophische Strömung, die den jungen Popper beeinflusste, war die von Jacob Fries (1773–1843) begründete Richtung des Neukantianismus, die mit dem in Göttingen lehrenden Leonard Nelson (1882–1927) einen neuen he-

Die Grundposition des von Fries begründeten **Neukantianismus** bestand in einer psychologischen Kant-Deutung: Mit Kant erkannte man zwar apriorische Prinzipien menschlicher Erkenntnis an, aber man verwarf seinen Anspruch, einen philosophischen Beweis der Geltung dieser Prinzipien erbracht zu haben. Dagegen vertrat man die Ansicht, dass apriorische Prinzipien durch eine psychologische Analyse des Bewusstseins nur aufgewiesen, nicht aber bewiesen werden können. Nelson verschärfte diese Position zu seiner These von der »Unmöglichkeit der Erkenntnis-

rausragenden Vertreter hervorgebracht hatte. Dessen These von der »Unmöglichkeit der Erkenntnistheorie« wurde für Popper wichtig, weil die von ihr geleistete Kritik überzogener philosophischer Beweisansprüche sein späteres Plädoyer für kritische Rationalität und intellektuelle Bescheidenheit teilweise vorweggenommen hat. Darüber hinaus hat Nelson mit seiner Explikation der »sokratischen Methode«, die er nicht nur als pädagogisches, sondern auch als allgemeines Instrument philosophischer Wahrheitssuche verstand, Poppers Denken beeinflusst. Wichtig wurde schließlich auch Nelsons politische Grundhaltung, die einen demokratischen Sozialismus mit den Werten des Liberalismus verband und jeden Nationalismus zugunsten eines aufgeklärten Kosmopolitismus ablehnte.

Kennen gelernt hat Popper die von Fries und Nelson vertretene Kant-Interpretation durch den Nelson-Schüler Julius Kraft (1898–1960). Als Kraft nach seiner Promotion seine Studien in Wien von 1924 bis 1926 fortsetzte, schloss er mit Popper eine Freundschaft, die ein Leben lang halten sollte. In Kraft fand Popper einen Kenner der Fries-Nelson-Schule, mit dem er auch politische Themen diskutieren konnte.

Die psychologische Strömung, die das Denken des jungen Popper prägte, war die von Oswald Külpe (1862–1915) begründete Würzburger Schule der »Denkpsychologie«, die, im Gegensatz zu der seinerzeit herrschenden Assoziationspsychologie, die aktive und autonome Rolle des Denkens gegenüber den »Sinnesdaten« betonte. Herausragender Vertreter dieser neuen Strömung der Psychologie war nach Külpes Tod Karl Bühler geworden. Außer durch seine Gestaltpsychologie hat Bühler auch mit den Schriften ›Die

theorie«. Danach ist Erkenntnistheorie aus logischen Gründen außerstande, die Wahrheit von Grundprinzipien zu beweisen und so ein sicheres Fundament der Erkenntnis zu liefern, da jeder solche Beweis bereits voraussetzen muss, was er beweisen will, nämliche wahre Aussagen.

> ... das Kriterium der Wahrheit der Urteile kann nicht selbst wieder ein Urteil sein ...
> *Leonard Nelson, ›Die Unmöglichkeit der Erkenntnistheorie‹ (1911)*

geistige Entwicklung des Kindes‹ (1918) und ›Die Krise der Psychologie‹ (1927) das Denken des jungen Popper stark beeinflusst. Doch für seine intellektuelle Entwicklung waren nicht nur Bühlers wissenschaftliche Lehren wichtig, sondern auch dessen Einfluss als akademischer Lehrer, der seine Fähigkeiten erkannte und förderte. Den Umgang und die Auseinandersetzung mit Bühler hat Popper als sehr anregend erlebt und daher vier Jahre lang an dessen Kolloquium teilgenommen. Noch der späte Popper hat durch Bühlers ›Sprachtheorie‹ (1934) wichtige Impulse erhalten.

Neben Nelson und Bühler erlangte in dieser Zeit auch der Wiener Philosophieprofessor Heinrich Gomperz (1873–1942), der Sohn von Theodor Gomperz, einen wichtigen Einfluss auf Popper. Gomperz war mit einer am Positivismus Machs orientierten »Weltanschauungslehre« bekannt geworden. Popper hatte ihn 1926 kennen gelernt und traf sich mit ihm in den folgenden zwei Jahren wiederholt privat, um Manuskripte, die er ihm zuvor gegeben hatte, zu diskutieren. Gomperz half Popper, sich auf den Pfaden der Psychologie und Erkenntnistheorie besser zurechtzufinden, ohne ihn in eine bestimmte Richtung zu lenken.

Anders als Popper in seiner Autobiographie ›Ausgangspunkte‹ ein halbes Jahrhundert später suggeriert, war in dieser frühen Zeit der spätere Wissenschaftstheoretiker Popper kaum zu erkennen. Popper hat zwar die Entstehung der Grundgedanken seiner Philosophie auf die Schlüsselerlebnisse des Jahres 1919 datiert, doch mehr als eine vage Ahnung seiner

12 Popper als Lehrer mit seinen Schülern

Wissenschaftstheorie dürfte dies kaum gewesen sein. Seine Arbeiten der 20er-Jahre zeigen jedenfalls ein anderes Bild.

In der 1927 unvollendet vorgelegten pädagogischen Abschlussarbeit ›»Gewohnheit« und »Gesetzeserlebnis« in der Erziehung‹ verfolgt Popper das anspruchsvolle Ziel, die Lerntheorie der Reformpädagogik durch die Einführung der auf Kant zurückgehenden Unterscheidung von »dogmatischem« und »kritischem« Denken besser zu fundieren. Die Reformpädagogik versteht, so wendet Popper ein, Kinder allzu sehr als freie, kritische Personen und übersieht damit das bei ihnen ausgeprägte dogmatische Denken. Indem er Bühlers entwicklungspsychologische Arbeiten mit seiner eigenen Erfahrung als Sozialarbeiter konfrontiert, stellt Popper als Hauptmerkmale dogmatischen Denkens bei Kindern die Suche nach Ordnung, den Glauben an Autoritäten und die Furcht vor Fremdem heraus. Nach Popper muss sich die Reformpädagogik der Frage stellen, wie Kinder vom dogmatischen zum kritischen Denken geführt werden können. Von Popper als Wissenschaftstheoretiker ist in dieser Arbeit noch nichts zu erkennen, doch nimmt die von ihm hier entwickelte Psychologie der dogmatischen Geisteshaltung bereits eine zentrale Komponente seiner Theorie der offenen Gesellschaft vorweg.

Im Sommer 1928 legte Popper seine Dissertation ›Zur Methodenfrage der Denkpsychologie‹ vor. Kurz nach ihrer Fertigstellung scheint er sich darüber klar geworden zu sein, dass sein Versuch, mithilfe einer psychologischen Un-

›Zur Methodenfrage der Denkpsychologie‹
In dieser Arbeit, die zunächst als methodologische Einführung zu einem größeren Werk zur Denkpsychologie geplant war, bemüht sich Popper um die Klärung und Weiterentwicklung der Methodenlehre Bühlers. In seiner Schrift ›Die Krise der Psychologie‹ (1927) hatte Bühler behauptet, ein Pluralismus von Methoden sei notwendig, um die verschiedenen Stufen der menschlichen Psyche (subjektive Erlebnisse, Verhalten, objektive geistige Gebilde) zu erforschen. Im Anschluss an Bühler verfolgte Popper das Ziel, die Beziehungen zwischen den Wissenschaften sowie ihre methodologischen Grundregeln zu bestimmen, doch verwandte er die Hälfte der Arbeit darauf, die Gegenposition

terscheidung von Erkenntnisstufen eine logisch-methodologische Differenzierung der Wissenschaften zu erreichen, ihn in eine Sackgasse geführt hatte. Aus dieser Einsicht heraus vollzog er nun die Wende von der Psychologie zur Erkenntnistheorie: Psychologische Fragen der Entstehung von Erkenntnis galten ihm nun als irrelevant für die erkenntnistheoretische Frage der Rechtfertigung der Erkenntnis. Fortan galt eine strikte Trennung von Erkenntnistheorie und Psychologie. Psychologische Themen traten nun in Poppers Denken lange Zeit ganz zurück. Die Hinwendung zu wissenschaftstheoretischen Fragen zeigt sich bereits in der zweiten pädagogischen Abhandlung ›Axiome, Definitionen und Postulate in der Geometrie‹, die Popper 1929 für seine Qualifikation als Lehrer für Mathematik und Physik an Hauptschulen verfasste.

Im Jahre 1929 hat Popper so zwar die Wende von der Psychologie zur Erkenntnistheorie vollzogen, doch die zentralen Thesen seiner späteren Wissenschaftskonzeption fehlen noch. Induktion und Verifikation werden nach wie vor als unproblematisch hingenommen und von Falsifikation ist noch keine Rede. Der Popper von 1929 war noch längst nicht der spätere Kritische Rationalist, aber der Pädagoge und Psychologe Popper war über einen Seiteneinstieg zum Philosophen geworden.

Eine Karriere als Berufsphilosoph war für Popper allerdings noch nicht in Sicht. Dazu fehlten ihm sowohl die sozialen Kontakte als auch die finanziellen Mittel. Hinzu

Schlicks zu kritisieren. Schlick hatte nämlich in seiner ›Allgemeinen Erkenntnislehre‹ (1918) den so genannten »Physikalismus« vertreten, d.h. die Auffassung, dass alle wissenschaftlichen Erklärungen von Naturvorgängen, insbesondere auch psychologische Erklärungen von Bewusstseinsprozessen, zuletzt auf physikalische Erklärungen zurückgeführt werden können. Mit Bühler hat Popper diese Reduktion der Psychologie auf Physik entschieden zurückgewiesen und die Autonomie der Psychologie behauptet. Auch gegenüber dem damit verbundenen Anspruch, die Methode der Physik zur allgemeinen wissenschaftlichen Methode zu erheben, hat Popper Bühlers Methoden-Pluralismus verteidigt.

kam, dass er inzwischen familiäre Verantwortung übernommen hatte.

Bereits zu Beginn seines Studiums am Pädagogischen Institut hatte er dort seine Kommilitonin Josefine Anna Henninger (geb. 1906) kennen gelernt, eine umworbene Sportstudentin, die von Freunden und Bekannten »Hennie« genannt wurde. Beide trafen sich in ihren reformerischen Grundeinstellungen. Hennie kam, verglichen mit Popper, aus den eher bescheidenen Verhältnissen des katholischen Kleinbürgertums. Ihr Vater Josef Henninger war Oberlehrer in Speising.

Karl und Hennie heirateten am 11. April 1930 und bezogen eine Wohnung in Hietzing im Westen Wiens, wo Hennies Mutter lebte. Es wurde eine kinderlose, aber enge und dauerhafte Verbindung. Hennies Lebensentwürfe waren sicher nicht von ehrgeizigen intellektuellen Projekten bestimmt. Doch sie stellte die eigenen Lebensvorstellungen zugunsten ihres Mannes zurück und begann mit der Zeit, sich ganz mit seiner Arbeit zu identifizieren. Sie tippte seine Manuskripte, kommentierte seine Arbeiten, regte ihn zu Projekten an und übernahm einen beträchtlichen Teil des Briefverkehrs mit Verlegern. Eine Hausfrau wurde sie nie. Sie hasste Hausarbeit und Kochen. Sie wurde vielmehr Poppers Managerin und Chefberaterin. Ihre Rolle für das Zustandekommen vieler Popperscher Werke ist beträchtlich. Ihr widmete er auch die Neuauflage der ›Logik der Forschung‹ nach dem Zweiten Weltkrieg. Welchen emotio-

›Axiome, Definitionen und Postulate in der Geometrie‹
Popper geht hier von der Situation in der Mathematik seit der Entwicklung nichteuklidischer Geometrien aus und diskutiert die Frage der Anwendbarkeit axiomatisch aufgebauter geometrischer Systeme auf die Realität. Im Rückgriff auf Arbeiten zur Logik und Mathematik von Rudolf Carnap und Viktor Kraft entwickelt er die Auffassung, dass die Erfahrung keine zwingende Entscheidung zwischen konkurrierenden geometrischen Systemen erbringen kann. Über die Frage der Anwendbarkeit geometrischer Systeme hatte Popper somit einen neuen Zugang zu methodologischen Problemen der Naturwissenschaften erreicht, doch spielte das Problem der Induktion dabei noch keine Rolle.

nalen Preis sie für das Leben im Dienst ihres Mannes zahlte, bleibt offen. Tatsache ist, dass sie immer wieder von depressiven Schüben betroffen war und auch den späteren Weggang aus Wien nie ganz verwinden konnte.

Nachdem er 1929 die Lehrbefähigung für Hauptschulen erworben hatte, trat Popper 1930, im Jahr seiner Heirat, in den Schuldienst. Er erhielt eine Stelle in der Schwegler Hauptschule im 15. Wiener Bezirk. Auch Hennie wurde in den Schuldienst übernommen. Mit zwei Lehrergehältern konnte man sich in der ökonomisch schwierigen Phase Ende der 20er- und Anfang der 30er-Jahre ein mäßiges Mittelklasseauskommen sichern. Doch obwohl Philosophie als Brotberuf für Popper in dieser Zeit noch undenkbar war, ließen die Fragen der wissenschaftlichen Methode den Hauptschullehrer nicht los. Neben seiner Berufsarbeit begann er, ein Buch zu schreiben, das zu einem der bedeutendsten Werke der Wissenschafts- und Erkenntnistheorie des 20. Jahrhunderts werden sollte.

In persönlicher und geistiger Hinsicht waren die Jahre am Institut für mich höchst bedeutsam, weil ich dort meine Frau kennenlernte. Sie war eine meiner Kolleginnen und sollte einer der strengsten Beurteiler meiner Arbeit werden. Ihr Anteil an meiner Arbeit war seither mindestens so anstrengend wie der meine. Ohne sie wäre vieles nie zustande gekommen.

Popper über die Begegnung mit seiner Frau (A 100)

Wissenschaftstheorie eines Außenseiters

Im Orbit des Wiener Kreises

Die Entwicklung Poppers vom sozialreformerisch engagierten Pädagogen, der mit einer Arbeit über Methodenfragen der Psychologie promovierte, zum Wissenschaftstheoretiker und Philosophen ist nicht denkbar ohne die Beziehung zum so genannten »Wiener Kreis«, einer Gruppe von Wissenschaftlern und Philosophen, die für die Entwicklung der Philosophie im 20. Jahrhundert herausragende Bedeutung erlangen sollte und als die philosophische Variante der Wiener Moderne begriffen werden kann.

13 Karl und Hennie in den 30er-Jahren in Wien

Poppers Beziehung zum Wiener Kreis ist bis heute Thema einer Kontroverse. In den Jahren 1924 bis 1930 stand der angehende Pädagoge durch Karl Bühler, Heinrich Gomperz und die Fries-Nelson-Schule unter dem Ein-

---

Der **Wiener Kreis** versuchte eine Neubegründung des Positivismus mithilfe einer weiterentwickelten Logik und orientierte sich hierbei an dem Werk Gottlob Freges, an den ›Principia Mathematica‹ Alfred N. Whiteheads und Bertrand Russells und an Ludwig Wittgensteins Frühwerk ›Tractatus logico-philosophicus‹.

fluss kantianischer Vorstellungen, die sich mit den empiristischen Grundauffassungen des Wiener Kreises nicht ganz vereinbaren ließen. In seiner Autobiographie ›Ausgangspunkte‹ stellt Popper sich selbst als denjenigen dar, der den philosophischen Niedergang des Wiener Kreises eingeleitet und den Tod des Neopositivismus herbeigeführt habe. Andererseits beschäftigte er sich über Jahre hinweg mit den gleichen Fragen, die auch in den Diskussionen des Kreises eine Rolle spielten, und versuchte, darauf eigene Antworten zu finden. Mitglieder des Kreises wie Rudolf Carnap sahen in Popper einen Anreger, schlimmstenfalls einen unbequemen Abweichler, in jedem Fall aber ein Mitglied der eigenen philosophischen Familie. Otto Neurath bezeichnete ihn als die »offizielle Opposition« des Wiener Kreises. In jüngster Zeit hat man Poppers Werk sogar als die fruchtbarste Weiterentwicklung der Philosophie des Wiener Kreises und ihn selbst als ihren »legitimen Erben« bezeichnet. Unstrittig bleibt jedenfalls, dass es ohne den Wiener Kreis den Philosophen Popper, den Begründer des Kritischen Rationalismus, nicht gegeben hätte.

Das Hauptanliegen des Wiener Kreises bestand darin, die Philosophie zu einer Wissenschaft zu erheben und damit, wie der Titel der Programmschrift von 1929 lautet, einer »wissenschaftlichen Weltauffassung« den Weg zu ebnen. Anders als die traditionellen Versuche von Descartes über Kant bis Husserl, die Philosophie als sichere, exakte Wissenschaft zu begründen, lehnte man jeden Versuch, *a priori*, also unabhängig von Erfahrung, Prinzipien und Gründe der Welt zu erfassen, als wissenschaftlich unhaltbares

Von den Philosophen in Wien, die nicht zum Kreis gehörten, fand ich die Bekanntschaft mit Karl Popper am anregendsten, einmal dank der Lektüre des Manuskripts seines Buches ›Logik der Forschung‹, später dann durch die Gespräche mit ihm. ... Seine philosophische Grundanschauung war der des Kreises ganz ähnlich. Er neigte allerdings dazu, unsere Meinungsverschiedenheiten überzubewerten. In seinem Buch ging er kritisch mit den »Positivisten« um, womit er anscheinend in erster Linie

Scheinwissen strikt ab. In der Tradition des klassischen Empirismus und Positivismus betonte man, dass lediglich die empirischen Wissenschaften verlässliches Wissen über die Welt erlangen können. Neben David Hume und John Stuart Mill war es vor allem der seit 1896 in Wien lehrende Physiker und Philosoph Ernst Mach, der einflussreichste Vertreter des Positivismus im deutschen Sprachraum, der die empiristisch-positivistische Grundhaltung des Kreises prägte. Charakteristisch war die antimetaphysische Haltung, die sich besonders in der scharfen Ablehnung des Deutschen Idealismus und seiner Nachfolger sowie in der Verbindung von moderner Logik und empiristischer Grundhaltung zeigte. Sie wurde als »logischer Empirismus« oder »logischer Positivismus« bezeichnet, um zu betonen, dass lediglich die empirischen Wissenschaften einerseits und Logik und Mathematik andererseits echtes Wissen liefern.

Mit Mach teilte der Wiener Kreis jedoch auch ein gesellschaftspolitisches Anliegen: Rationalität und Wissenschaftlichkeit sollten in alle Lebensbereiche Eingang finden und eine Reform gesellschaftlicher und politischer Institutionen befördern. Obwohl die Mitglieder des Kreises politisch unterschiedlich ausgerichtet waren, verband sie, ob als Liberale, als gemäßigte oder radikale Sozialisten, eine linke, reformerische Grundeinstellung.

Obwohl es bereits in den Jahren 1907 bis 1912 eine Vorform gab, entstand der eigentliche Wiener Kreis doch erst, als Moritz Schlick (1882–1936) 1922 als Nachfolger von Mach auf den Lehrstuhl für Philosophie der induktiven Wissenschaften berufen wurde. Schlick, von Haus aus Phy-

den Wiener Kreis meinte, und stellte dagegen sein Einverständnis mit Kant und anderen traditionellen Philosophien heraus. Dadurch machte er sich maßgebliche Persönlichkeiten unserer Bewegung, zum Beispiel Schlick, Neurath und Reichenbach, zu Gegnern. Feigl und ich haben vergeblich versucht, ein besseres gegenseitiges Verständnis und eine philosophische Versöhnung herbeizuführen.

Rudolf Carnap, ›Mein Weg in die Philosophie‹ (1963)

14 Moritz Schlick

siker, war eine heitere, tolerante, hilfsbereite, aber auch zurückhaltende, distanzierte Person, der jede polemische Schärfe fremd war und die aufgrund ihrer wissenschaftlichen Kompetenz und ihrer Fähigkeit, im Meinungsstreit zu schlichten und zu vermitteln, zur Integrationsfigur des Kreises wurde. Ab 1924 fand unter seiner Leitung jeden Donnerstagabend ein Kolloquium in einem Raum der Universität statt, das aber nur für eigens von ihm eingeladene Teilnehmer zugänglich war.

Die Diskussionen in diesem »Schlick-Zirkel«, dem eigentlichen Wiener Kreis, wurden, außer durch Schlick, vor allem durch den Soziologen Otto Neurath (1882–1945) und den Logiker Rudolf Carnap (1891–1970) bestimmt. Neurath war der politisch aktivste und radikalste unter den Mitgliedern, eine beeindruckende Persönlichkeit voller Tatendrang und Ideen, die all ihre Energien einsetzte, um aus dem Wiener Kreis eine öffentlich wirksame philosophische Bewegung zu machen und dem Kreis eine sozialistische Ausrichtung zu geben versuchte. Im Gegensatz zu dem Aktivisten und Propagandisten Neurath war Carnap, der 1926 aus Berlin gekommen war, ein ruhig-gelassener, intro-

Zum engeren »**Schlick-Zirkel**« gehörten, neben Carnap und Neurath, auch die Mathematiker Hans Hahn (1880–1934) und Karl Menger (1902–1988), der Logiker Kurt Gödel (1906–1978), der Physiker Philipp Frank (1884–1966), der aus Prag herüberkam, sowie der Philosoph Viktor Kraft (1880–1975) und die beiden Schlick-Schüler Herbert Feigl (1902–1988) und Friedrich Waismann (1896–1959). Im Laufe der Jahre zog der Kreis aber auch immer mehr ausländische Gäste und Anhänger an, die die Ideen des Logischen

vertierter Mensch, der ein spartanisches, fast asketisches Leben führte, aber von der Leidenschaft durchdrungen war, Klarheit, Exaktheit und Systematik in das dunkle, konfuse menschliche Denken zu bringen. Der Kampf des Wiener Kreises gegen die »Sinnlosigkeit der Metaphysik« trägt vor allem seine Handschrift.

Der Wiener Kreis war jedoch keine monolithische Einheit, die nur mit einer Stimme gesprochen hätte. Seine Diskussionen standen vielmehr in einem Spannungsfeld verschiedener Ansichten und Persönlichkeiten. Eine besondere Rolle in der philosophischen Auseinandersetzung spielte dabei der ›Tractatus logico-philosophicus‹, das geniale Frühwerk des in Cambridge lebenden Ex-Wieners Ludwig Wittgenstein. In den Donnerstagssitzungen las man das Werk Zeile für Zeile. Sowohl Carnap wie Schlick sahen in Wittgensteins Auffassung, dass nur die Aussagen der empirischen Naturwissenschaften sinnvolle Aussagen sind, eine Bestätigung und Vertiefung ihrer antimetaphysischen Haltung. Doch während Schlick den ›Tractatus‹ und seine sprachphilosophische Ausrichtung, die die Aufgabe der Philosophie auf die Klärung des Sinns von Sätzen beschränkte, als Epoche machende Leistung betrachtete, hielt Carnap den ›Tractatus‹ in vieler Hinsicht für klärungsbedürftig. Entschieden abgelehnt hat dagegen Neurath Wittgensteins Position. Die mystischen Schlusspassagen des ›Tractatus‹, die das Schweigen vor den wesentlichen Fragen des Lebens als Resultat der Philosophie behaupten, kritisierte er als Ausdruck eines unhaltbaren metaphysischen Denkens. So war es denn auch kein Zufall, dass Wittgenstein bei Aufenthalten in Wien lediglich seine treuen Ver-

Positivismus in ihre Heimatländer trugen und nicht unerheblich die Philosophiegeschichte des 20. Jahrhunderts beeinflussten. Aus Polen kamen der Logiker Alfred Tarski (1902–1983), aus England Alfred J. Ayer (1910–1989) und aus den USA Willard Van Orman Quine (1908–2000), damals ein junger Doktorand der Harvard Universität.

15 Ludwig Wittgenstein

ehrer, insbesondere Schlick und Waismann, zu Gesprächen empfing, wohingegen Carnap wegen seines hartnäckigen Nachfragens bald unerwünscht war.

Wittgenstein gab mit seiner These, dass im Zeitalter der Wissenschaften für die Philosophie lediglich Probleme der Logik und Sprachanalyse übrig bleiben, den entscheidenden Anstoß zur Formulierung des so genannten »Sinnkriteriums«, das in den Diskussionen des Kreises zunehmend eine Rolle spielte. Mit Hilfe des Sinnkriteriums wollte man sinnvolle Aussagen von »Scheinsätzen« unterscheiden und damit eine Grenze zwischen Wissenschaft und Metaphysik ziehen. Kern dieses Sinnkriteriums war die »Verifizierbarkeit« von Sätzen und Theorien. Als sinnvoll gelten danach nur solche Aussagen, die grundsätzlich verifizierbar sind, d. h. über deren Wahrheit (bzw. Falschheit) durch logisch-empirische Methoden definitiv entschieden werden kann. Entsprechend sind Probleme, die sich prinzipiell einer Lösung entziehen, wie insbesondere die Fragen der Metaphysik, überhaupt keine sinnvollen Probleme, sondern bloße »Scheinprobleme«. Die Mitglieder

Die richtige Methode der Philosophie wäre eigentlich die: Nichts zu sagen, als was sich sagen läßt, also Sätze der Naturwissenschaft – also etwas, was mit Philosophie nichts zu tun hat –, und dann immer, wenn ein anderer etwas Metaphysisches sagen wollte, ihm nachweisen, daß er gewissen Zeichen in seinen Sätzen keine Bedeutung gegeben hat. Diese Methode wäre für den anderen unbefriedigend – er hätte nicht das Gefühl, daß wir ihn Philosophie lehrten –, aber sie wäre die einzig streng richtige.

Ludwig Wittgenstein, ›Tractatus logico-philosophicus‹ (1921)

des Wiener Kreises betrachteten es nun im Allgemeinen auch als selbstverständlich, dass die Methode der empirischen Wissenschaften, mit deren Hilfe Naturgesetze »verifiziert« werden können, die Induktion ist. Ein Naturgesetz lässt sich danach verifizieren, indem aus wiederholten Einzelerfahrungen allgemeine Gesetzmäßigkeiten »induktiv abgeleitet« werden. Für die Logischen Empiristen bildete die induktive Methode daher den Kern ihres Verständnisses von empirischer Wissenschaft.

Bis 1929 war die induktive Methode auch für Popper kein ernsthaftes Problem, obwohl er sich in seiner Dissertation und in seiner zweiten pädagogischen Abschlussarbeit um die Analyse wissenschaftlicher Methoden bemüht hatte. Diese Zuwendung zu Methodenfragen zeigt nicht nur Einflüsse des Wiener Kreises, sondern sie war auch begleitet von Gesprächen und Diskussionen, die er mit Mitgliedern des Wiener Kreises führte.

Bereits 1919 hatte er, noch als Mitglied der »Vereinigung Sozialistischer Mittelschüler«, den aktiven Sozialisten Otto Neurath kennen gelernt, der sich an der Münchner Räte-

Zur Arbeit des Wiener Kreises
Zu den Zielen des Kreises gehörte auch die öffentliche Verbreitung der eigenen Ideen, die Bildungsarbeit und Publikationstätigkeit. 1928 waren die Mitglieder des Kreises maßgeblich an der Gründung des »Vereins Ernst Mach« beteiligt, der in der Tradition des Namensgebers Philosophie als soziale Aufgabe begriff, sich den Zielen der Volksbildung und Reform verschrieb und durch Veröffentlichungen und Vorträge die Ideen des Kreises popularisierte. Rein wissenschaftlich ausgerichtet war dagegen die Zeitschrift ›Erkenntnis‹, die ab 1930 von Carnap und Hans Reichenbach (1891–1953), dem führenden Kopf der Berliner »Gesellschaft für empirische Philosophie«, herausgegeben wurde. Auch gründete man eine eigene Publikationsreihe, die ›Schriften zur wissenschaftlichen Weltanschauung‹, von denen unter Federführung von Schlick und Frank in der Zeit zwischen 1929 bis 1937 zehn Bände erschienen. Für die Organisation der »Internationalen Kongresse für Einheit der Wissenschaft« war vor allem Otto Neurath verantwortlich.

republik beteiligt hatte und gerade aus München zurückgekehrt war. Während der 20er-Jahre verfolgte Popper die philosophischen Diskussionen des Wiener Kreises und studierte zentrale Schriften des Logischen Positivismus, insbesondere auch den bereits zum Kultbuch gewordenen ›Tractatus‹. Er hörte Vorlesungen bei Hans Hahn und nahm 1928/29 an Seminaren Carnaps teil, dessen Bücher ›Der logische Aufbau der Welt‹ und ›Scheinprobleme in der Philosophie‹ er ebenfalls nach Erscheinen las.

Entscheidend für den persönlichen Zugang zu Mitgliedern des Wiener Kreises wurde das Jahr 1929. Über Heinrich Gomperz, selbst ein gelegentlicher Teilnehmer des Schlick-Zirkels, lernte er Victor Kraft kennen, ein Mitglied des Kreises, der kurz zuvor die Schrift ›Die Grundformen der wissenschaftlichen Methoden‹ (1925) publiziert hatte. Popper und Kraft trafen sich zu mehreren Diskussionen im Wiener Volksgarten. Der junge philosophische Außenseiter erlebte dabei erstmals, dass ein namhafter Vertreter des Kreises seine Ideen offenbar als wertvoll betrachtete.

Noch wichtiger und in Poppers Augen schicksalhaft war der persönliche Kontakt zu dem gleichaltrigen Herbert Feigl, den ihm sein Onkel Walter Schiff vorstellte. Popper und Feigl trafen sich nun regelmäßig. Sie unternahmen nächtelange Spaziergänge in den Straßen Wiens, die dann in Feigls Appartement endeten. Sie stritten und diskutierten jeweils über Stunden, wobei Popper unermüdlich versuchte, Feigl zu überzeugen, bis dieser erschöpft nachgab. Zum ersten Mal begegnete Popper jemandem, der seine Ideen nicht nur als interessant und bedenkenswert, sondern geradezu als revolutionär anerkannte. Feigl war von der Bril-

In dieser Einstellung, der Einstellung der Aufklärung, und in der kritisch-rationalen Auffassung von Philosophie – von dem, was die Philosophie leider ist, und von dem, was sie sein sollte – fühle ich mich noch heute mit dem Wiener Kreis verbunden, und besonders mit seinem geistigen Vater, Bertrand Russell.

Popper über den Wiener Kreis (A 123f.)

lanz seines Altersgenossen beeindruckt, doch wie viele Diskussionspartner Poppers irritierte ihn dessen missionarischer und kompromissloser Stil. Popper legte bei diesen Diskussionen höchsten Wert darauf, Recht zu behalten und sich dies auch bestätigen zu lassen. Er kämpfte, bis der Kontrahent die Kapitulationsurkunde unterzeichnet hatte, und machte sich durch sein aggressives Diskussionsverhalten nicht nur Freunde.

Hierin liegt auch ein wichtiger Grund für die auffallende Distanz, die Schlick gegenüber Popper hielt. Popper hatte als Student schon Veranstaltungen bei Schlick besucht, doch war es ihm nicht gelungen, bei diesem einen bleibenden positiven Eindruck zu hinterlassen. Offenbar nahm ihn Schlick zunächst als Schüler Bühlers wahr. Bezeichnend dafür ist die mündliche Prüfung für das Doktorat in Psychologie und Philosophie, die Popper bei Bühler und Schlick ablegte. Nicht von Schlick, sondern von Bühler wurde Popper während dieser Prüfung aufgefordert, seine erkenntnistheoretischen Ideen vorzutragen. Schlick prüfte dagegen lediglich philosophiegeschichtliches Wissen. Doch auch die beiden Charaktere vertrugen sich nicht. Schlick, ein eher sanftmütiger Charakter, fühlte sich durch Poppers Auftreten abgestoßen. Er lud ihn nie zu den Donnerstagstreffen ein, eine Missachtung, die Popper nie vergaß.

Popper hätte sich durch eine Einladung Schlicks geehrt gefühlt. Es war die philosophische Diskussionswerkstatt des Wiener Kreises, die ihn dazu brachte, seine eigenen Überlegungen zur Wissenschaftstheorie philosophisch zu Ende zu denken und zu formulieren. Vor allem fühlte er sich dem Kreis in der wissenschaftlichen Grundorientie-

Ich war nie Mitglied des Wiener Kreises, es ist aber ebenso ein Irrtum, wenn man annimmt, daß ich deshalb nicht Mitglied des Wiener Kreises war, weil ich gegen den Wiener Kreis war. Ich wäre sehr gern ein Mitglied des Wiener Kreises geworden. Tatsache ist einfach, daß Schlick mich nicht eingeladen hat, an seinem Seminar teilzunehmen. Das war nämlich die Form, in der man Mitglied des Wiener Kreises wurde.

Popper über den Wiener Kreis (OU 37)

rung und der aufklärerisch-rationalen Grundhaltung verbunden, die er besonders auf Russell zurückführte. Wie der Wiener Kreis betonte auch er, dass die Philosophie sich nur mit echten Problemen beschäftigen dürfe. Auch wenn Popper sich von Anfang an als entschiedener Gegner und Kritiker der positivistischen Philosophie des Kreises hervortat, beschränkte sich seine grundsätzliche Gegnerschaft doch hauptsächlich auf die von Wittgenstein bestimmte radikale Frühphase, die von dem positivistischen Programm der Zurückführung aller Erkenntnis auf Sinnesdaten und von der These der Sinnlosigkeit der Metaphysik geprägt war. Insbesondere lehnte er Wittgensteins Lösung einer sprachphilosophischen Reduzierung philosophischer Probleme radikal ab. Doch nach der Überwindung dieser radikalen Phase war Poppers Gegnerschaft zum Kreis kaum noch grundsätzlicher Natur. Carnap und Viktor Kraft haben Popper denn auch weniger als Gegner oder Abtrünnigen denn als Verbündeten und Mitarbeiter an dem gemeinsamen Projekt einer wissenschaftlich-rationalen Philosophie gesehen. Poppers Meinungsverschiedenheiten seinen »positivistischen Freunden und Gegnern« (A 123) gegenüber haben seitdem mehr den Charakter von Familienstreitigkeiten gehabt. Popper war, sozusagen, ein mit dem Rationalismus Kants gezeugtes illegitimes Kind des Wiener Kreises, der später aus verschmähter Liebe die Elternschaft leugnete und seine eigenen Wege ging. Die Probleme und Fragen, die im Mittelpunkt seines Interesses standen, waren auch Fragen des Wiener Kreises: die Unterscheidung von Wissenschaft und Nichtwissenschaft und die Klärung der wissenschaftlichen Methoden.

Die Idee, ein Buch zu schreiben und es zu veröffentlichen, entsprach nicht meinem Lebensstil und auch nicht meiner Einstellung zu mir selbst. Mir fehlte das Vertrauen, daß das, was mich interessierte, für andere von hinreichendem Interesse sein würde.

Popper über seine erste Publikation (A 114)

Ab dem Jahre 1929 begann Popper, eigene Lösungsvorschläge zu diesen Problemen zu entwickeln. Obwohl die gedanklichen Schritte, die er zur Begründung seines Standpunktes unternahm, noch nicht im Einzelnen geklärt sind, darf man davon ausgehen, dass die Thematisierung des Induktionsproblems der entscheidende Moment war. Als Popper die Induktion als philosophisches Problem ernst zu nehmen begann und die Fragwürdigkeit der induktiven Methode durchschaute, schlug die Geburtsstunde der einflussreichsten Wissenschaftstheorie des 20. Jahrhunderts.

Etwa im Jahre 1930 war in Popper der Gedanke gereift, seine Kritik des Logischen Empirismus und das Ergebnis seiner Diskussionen mit dem Wiener Kreis schriftlich niederzulegen. Die Entscheidung, mit der eigenen Position in die Öffentlichkeit zu gehen, veränderte nicht nur sein eigenes Leben. Sie veränderte auch das Gesicht der Philosophie im 20. Jahrhundert.

»Die Idee ein Buch zu schreiben«

Für einen jungen Hauptschullehrer, der, mitten in der Zeit der Weltwirtschaftskrise, die ökonomische Verantwortung für eine Familie übernommen hatte und durch Gesprächskreise nur über lose Kontakte zur Institution der Universität verfügte, war der Plan, ein grundlegendes Werk zur wissenschaftlichen Methodenlehre zu schreiben, alles andere als selbstverständlich. Popper selbst war ursprünglich weit davon entfernt, einen solchen Plan zu verfolgen.

16 Poppers Schreibmaschine

Es war Herbert Feigl, der bei einem der nächtelangen Spaziergänge mit Popper diesen zur Abfassung einer Schrift ermunterte. Sein Vater und seine Frau waren von diesem Vorhaben freilich nicht begeistert. Der Vater bezweifelte, ob ein solches Buch aus finanziellen Gründen je veröffentlicht würde, und Hennie fürchtete, dass ihr Mann in Zukunft für Freizeitunternehmungen wie Wandern und Bergsteigen keine Zeit mehr haben würde. Doch Popper war, entgegen allen Bescheidenheitsbekundungen, von der Bedeutung seiner Überlegungen überzeugt. Nur absoluter Glaube an sich selbst konnte unter den gegebenen Umständen ein solches Unternehmen motivieren. Hennie machte nun zum ersten Mal eine fortan charakteristische Erfahrung, dass nämlich ihr gemeinsames Leben der philosophischen Arbeit ihres Mannes untergeordnet wurde.

Mit dem für ihn typischen unermüdlichen Arbeitseifer begann Popper, seine Gedanken und seine Kritik an den Ansichten des Wiener Kreises systematisch auszuarbeiten. Für sein neues Projekt opferte er jede freie Minute. Auf Ausflügen ins Wiener Umland nahm er die Schreibmaschine mit, die er in den Lokalen, in denen man Rast machte, aufstellte, um an seinem Manuskript weiterzutippen. Die

›Die beiden Grundprobleme der Erkenntnistheorie‹
Dieses erste für die Veröffentlichung bestimmte Werk Poppers enthält bereits die zentralen Lehren seiner Wissenschaftstheorie. Wie in dem späteren Hauptwerk ›Logik der Forschung‹ trägt er seine Kritik der Induktion vor, ersetzt die induktive Methode durch die deduktiv-hypothetische Methode und schlägt die Falsifizierbarkeit als Abgrenzungskriterium vor. Verglichen mit der ›Logik‹ nimmt in den ›Grundproblemen‹ die Kritik an den Lehren des Wiener Kreises und an den positivistischen Strategien, das Induktionsproblem zu entschärfen, einen viel größeren Raum ein. Vor allem die Versuche, allgemeine Naturgesetze als »Wahrscheinlichkeitsaussagen« oder als bloße »Scheinsätze« zu begreifen, werden von Popper einer minutiösen und scharfsinnigen Kritik unterzogen.

Eine weitere Besonderheit der ›Grundprobleme‹ besteht darin, dass Popper hier eine Analyse und Revision der Transzendentalphilosophie Kants vornimmt, die die von Konrad Lorenz be-

erstaunten übrigen Gäste nannten ihn den »Mann mit dem Grammophon«.

Der größte Teil des Manuskripts entstand zwischen Februar 1931 und Juni 1932. Die Arbeit ging zunächst rasch voran, zu rasch, wie sich bald zeigen sollte. Als er die schnell zu Papier gebrachten ersten Kapitel einem ehemaligen Kommilitonen vom Pädagogischen Institut, Robert Lammer, zu lesen gab, kritisierte dieser die Darstellungen als unklar. Popper nahm sich diese Kritik fortan zu Herzen. Schopenhauer und Russell wurden nun die lebenslangen Vorbilder in seinem Bemühen um größtmögliche Klarheit.

So betrachtet ist es auch kein Zufall, dass er den Titel des Manuskripts, ›Die beiden Grundprobleme der Erkenntnistheorie‹, in Anspielung auf Schopenhauers Buch ›Die beiden Grundprobleme der Ethik‹ wählte. Gemeint waren das Induktionsproblem sowie das von Popper so genannnte »Abgrenzungsproblem«, also das Problem der Unterscheidung von Wissenschaft und Nicht-Wissenschaft.

Die ›Grundprobleme‹ bedeuteten den Durchbruch Poppers zu einer eigenständigen philosophischen Position. Doch von der Fertigstellung des Manuskripts Ende 1932 bis zu seiner Veröffentlichung standen ihm noch mehr als

gründete Evolutionäre Erkenntnistheorie in wesentlichen Teilen vorwegnimmt. Kants Auffassung, dass der menschliche Geist vor aller Erfahrung über Kategorien verfügt, die ihm nur eine subjektive Sicht der Welt erlauben, muss nach Popper im Sinne eines »genetischen Apriori« gedeutet werden. Dies bedeutet, dass der menschliche Geist über angeborene Prinzipien verfügt, die stammesgeschichtlich erworbene Anpassungen an die Realität darstellen, die aber weder absolut verlässlich noch ein für alle Mal fixiert sind. Die Behauptung Kants, dass die apriorischen Formen des Verstandes Geltung für alle Erfahrung haben müssen, kann nun nicht mehr aufrechterhalten werden. Wenn z. B. das Kausalprinzip, dass jedes Ereignis eine Ursache hat, im menschlichen Geist genetisch verankert ist, dann bedeutet dies zwar im Sinne Kants, dass der Mensch mit der angeborenen Erwartung, dass jedes Ereignis verursacht ist, die Welt betrachtet, aber dies heißt nicht, dass dieses Prinzip in der Natur tatsächlich allgemein gültig sein muss.

zwei Jahre der Unsicherheit, Rückschläge und Enttäuschungen bevor.

Popper ließ zunächst das umfangreiche Manuskript unter Freunden und Bekannten, darunter auch Mitgliedern des Kreises, zirkulieren. Besonders Carnap und Feigl erkannten die Bedeutung des Textes. Im Sommer 1932 besuchten Popper und Feigl Carnap in seinem Urlaubsort Burgstein in Tirol, wo es im Rahmen von Bergwanderungen zu ausführlichen Diskussionen kam. Carnap, seit 1931 in Prag, genoss es wieder in Österreich zu sein, wo er als Philosoph seine glücklichsten Jahre verbracht hatte. Die Atmosphäre war entspannt, freundschaftlich und intellektuell anregend. So diskutierte man halb ernst-, halb scherzhaft die Frage, ob der Satz »Dieser Stein denkt an Wien«, wie Popper meinte, bloß falsch, oder, nach Ansicht Carnaps, schlicht sinnlos ist. Auch verteidigte Popper seine radikale Induktionskritik gegenüber Carnap wie üblich bis aufs Messer. Dieser war dennoch fest entschlossen, den jungen Kritiker nun auch sozial in den Wiener Kreis zu integrieren und seine Thesen für die Diskussionen innerhalb des Schlick-Zirkels fruchtbar zu machen. Er schrieb als Replik auf Poppers noch unveröffentlichtes Manuskript den Aufsatz ›Über Protokollsätze‹, der noch 1932/33 in der Zeitschrift ›Erkenntnis‹ erschien. Darin stimmte er Popper in

Im Gegensatz zu den Vertretern des Kreises betrachtete sich Popper dennoch als einen »unorthodoxen Kantianer«. (A 113) Der Verstand kann zwar nicht, wie Kant meinte, der Natur seine Gesetze gleichsam zwingend vorschreiben, aber er ist doch aktiv bei der Erforschung der Welt, indem er Hypothesen und Theorien entwirft. Theorien sind daher Produkte des Verstandes und keineswegs bloß Abbilder der äußeren Wirklichkeit, wie Empirismus und Positivismus annehmen. Poppers Revision von Kants Position bedeutet ferner eine Preisgabe der These der Unerkennbarkeit der Wirklichkeit (»Ding an sich«). Da Theorien durch Erfahrung falsifiziert werden können, so müssen Erfahrung und Falsifikation als Zusammenstöße mit der Realität verstanden werden. An die Stelle von Kants Lehre vom unerkennbaren Ding an sich setzt Popper die These vom hypothetischen Charakter aller Wirklichkeitserkenntnis. (A 113)

17 Rudolf Carnap

dem wesentlichen Punkt zu, dass alle wissenschaftlichen Aussagen, also auch die Beobachtungen und Experimente beschreibenden »Protokollsätze«, Vermutungen sind. (A 123)

Popper blieb Carnap stets dankbar dafür, eine seiner zentralen Ideen publik gemacht und gewürdigt zu haben, bevor sein erstes Buch überhaupt erschienen war. Ungeachtet der späteren Kontroversen mit Carnap hat Popper diesen scharfsinnigen Logiker stets geschätzt und bewundert. Die Beziehung zwischen beiden blieb auch während der Zeit des Zweiten Weltkriegs und danach erhalten.

Carnap war es auch, der eine Präsentation Poppers vor Mitgliedern des Wiener Kreises betrieb. Dies geschah im Dezember 1932 in dem von Heinrich Gomperz geleiteten Diskussionskreis, auf sozusagen neutralem Territorium. Popper sollte seine Thesen vor den Augen Schlicks, der ausdrücklich eingeladen war, referieren. Dabei ging es nicht nur um eine soziale Einführung Poppers, sondern auch darum, Schlick dafür zu gewinnen, die Publikation des Manuskripts zu unterstützen.

Doch in der ihm eigentümlich kompromisslosen Art verscherzte sich Popper an diesem Abend die Sympathien

> Der Sinn einer Aussage besteht darin, daß sie einen (denkbaren, nicht notwendig auch bestehenden) Sachverhalt zum Ausdruck bringt ... Da uns nun die Sachhaltigkeit als das Kriterium der sinnvollen Aussagen gilt, so kann weder die These des Realismus von der Realität der Außenwelt noch die des Idealismus von der Nichtrealität der Außenwelt als wissenschaftlich sinnvoll anerkannt werden. Das besagt nicht: die beiden Theorien seien falsch; sondern: sie haben überhaupt keinen Sinn ...
>
> *Rudolf Carnap, ›Scheinprobleme in der Philosophie‹ (1928)*

Schlicks endgültig. Weit davon entfernt, den Vertretern des Kreises nach dem Munde zu reden, kritisierte er vielmehr ihre philosophische Grundposition und attackierte besonders scharf Wittgenstein, dem er vorwarf, sich wie die katholische Kirche zu verhalten, indem er die Diskussion über alle Themen verbieten wolle, für die er keine Lösung habe. Empört über Poppers Ausfall gegen Wittgenstein verließ Schlick vorzeitig die Veranstaltung. Die Tür zum Donnerstagskreis war endgültig zugeschlagen.

Es hatte sich inzwischen herumgesprochen, dass dieser junge, eigenwillige Hauptschullehrer eine umfangreiche Kritik an den positivistischen Lehren des Kreises geschrieben hatte. Zu den Mitgliedern des Kreises, die Poppers Manuskript vor der Veröffentlichung lasen, gehörten auch Neurath und Frank, zu dem er, wie zu Friedrich Waismann und Hans Hahn, neue persönliche Kontakte knüpfte.

Doch Poppers größtes Problem in dieser Zeit blieb die Suche nach einem Verleger. Er versuchte alles, ließ bei mehreren Verlagen in Deutschland und Österreich anfragen, doch er erhielt, meist aus ökonomischen Gründen, von überallher Absagen. Die ungünstigen Prognosen seines Vaters schienen sich zu bestätigen. Verkompliziert wurde die Lage noch dadurch, dass Popper das Manuskript immer wieder veränderte, indem er neue Einwände und Ergebnisse aus Diskussionen einarbeitete.

Zu seiner depressiven Verfassung nach Abschluss des Manuskripts trugen auch private Schicksalsschläge bei. Am 22. Juni 1932 starb sein Vater. Kurze Zeit darauf beging seine Schwester Dora, von einer gescheiterten Ehe aus Merseburg nach Wien zurückgekehrt, Selbstmord. Popper muss-

18 Anlässlich der Berufung Hitlers zum Reichskanzler am 30. 01. 1933 marschieren Fackelzüge der »nationalen Verbände« durch das Brandenburger Tor. Hier das nachträglich kolorierte Foto der im Sommer 1933 für einen Propagandafilm nachgestellten Szene.

te nun, mitten in einer für ihn selbst höchst unsicheren existenziellen Phase, auch die ökonomische Verantwortung für seine Mutter schultern. Dazu kam die kontinuierliche Verschlechterung der politischen Großwetterlage. Im Januar 1933 ergriff Hitler die Macht in Deutschland, ein Vorgang, der auch die innenpolitische Situation Österreichs beeinflusste. Popper befand sich nervlich in einer äußerst angespannten Situation.

Es spricht für den Charakter Schlicks, dass ausgerechnet er, der der Person und den Ansichten Poppers ausgesprochen kritisch gegenüberstand, schließlich die Publikation der ›Grundprobleme‹ in die Wege leitete. Popper selbst hatte sich nach langem Zögern bereit erklärt, Ende des Jahres 1932 Schlick das Manuskript zur Lektüre zu überlassen. Wohl aus Verärgerung über Poppers Auftreten las dieser es erst im April 1933. Doch dann erkannte er neidlos den Wert der Arbeit an und befürwortete ihre Veröffentlichung innerhalb der von ihm selbst herausgegebenen Reihe ›Schriften zur wissenschaftlichen Weltauffassung‹. Am 30. Juni 1933 wurde der Verlagsvertrag unterzeichnet.

Doch ein weiteres Drama begann: Der Verlag forderte eine radikale Kürzung des Manuskripts auf 240 Seiten, und Popper sollte sich dabei von Schlick beraten lassen. Doch Popper war nicht fähig, die Sache pragmatisch anzugehen. Wie auch später in ähnlichen Fällen konzentrierte er sich ganz auf die inhaltlichen Aspekte, auf die argumentative Auseinandersetzung mit seinen Gegnern. Statt die Kürzung anzugehen, dachte er daran, das Manuskript um ganz neue Teile zu erweitern, womit er einige seiner Freunde in Verzweiflung stürzte. Eine Kontroverse mit dem Physiker Hans Reichenbach veranlasste ihn, seine Haltung zur Wahrscheinlichkeitstheorie und Quantenphysik in die Neufassung einzubeziehen. Er schickte Julius Kaft ein Exposé und teilte diesem am 11. Juli 1933 mit, dass er gedenke, praktisch ein neues Buch zu schreiben. Als Carnap von Poppers neuen Plänen hörte, riet er ihm dringend ab und drängte auf die Fertigstellung des Manuskripts. Die ›Grundprobleme‹ erlebten dennoch mehrere Umarbeitungen. Die Diskussionen um die ursprüngliche Gestalt des fragmentarischen II. Buches der ›Grundprobleme‹ und um eine so genannte ›Ur-Logik‹ beschäftigen bis heute die Popper-Forschung.

Der Verlag hatte Popper für die Kürzung einen Termin zum 1. März 1934 gesetzt. Zu diesem Zeitpunkt arbeitete er jedoch immer noch an neuen Teilen über die Wahrscheinlichkeitstheorie. Ein unfertiges Manuskript gab er im April an den Verlag, arbeitete aber dessen ungeachtet weiter an Verbesserungen

19 ›Logik der Forschung‹ (Ausgabe von 1935)

und Veränderungen. Im Sommer erhielt er das Manuskript wieder zurück mit der Auflage, es um ein Drittel zu kürzen. Nun nahm sich sein alter Mentor und Onkel Walter Schiff der Sache an. Er kürzte das Buch auf die geforderte Länge. Besonders in den ersten fünf Kapiteln ist seine stilistische Handschrift erkennbar, in der kurze Satzperioden, unterbrochen von zahlreichen Semikolons, dominieren.

Das Ergebnis dieser Bearbeitung war fast ein neues Buch, das, mit dem Datum 1935 versehen, bereits im November 1934 erschien. Es sollte zum Standardwerk der modernen Wissenschaftstheorie werden und Poppers Ruhm als Wissenschaftstheoretiker begründen. Auch einen neuen Titel hatte Popper inzwischen gewählt: ›Logik der Forschung‹. Das ursprüngliche Manuskript bewahrte er auf und veröffentlichte es ein halbes Jahrhundert später, im Jahr 1979, unter dem ursprünglichen Titel ›Die beiden Grundprobleme der Erkenntnistheorie‹.

›Logik der Forschung‹

Der neue Titel des Werkes hatte programmatische Bedeutung. »Logik« meint hier weder die von Aristoteles begründete »formale Logik« noch die »transzendentale Logik« Kants, sondern »Erkenntnis- oder Forschungslogik«. Gemeint ist damit eine Lehre, die die Regeln formuliert, die man befolgen muss, wenn man erfolgreich empirische Forschung betreiben will. »Logik der Forschung« ist demnach eine Methodenlehre der empirischen Wissenschaften. Diese methodologische Konzeption von Wissenschaftstheorie ist gegen die Auffassung gerichtet, Aufgabe von Erkenntnis- und Wissenschaftstheorie sei es, das Zustandekommen von Erkenntnis zu beschreiben und zu erklären. Diese Auffassung findet sich beispielsweise bei Ernst Mach, dessen Buch ›Erkenntnis und Irrtum‹ den Untertitel »Skizzen zur Psychologie der Forschung« trägt. Popper will einen solchen »Psychologismus« jedoch gerade ausschalten. Mit Bezug auf eine Bemerkung Kants betont er, dass die Erkenntnistheorie sich nicht mit der Frage der faktischen Entstehung (*quid facti*), sondern der Rechtfertigung oder Begründung von Erkenntnis (*quid juris*) zu beschäftigen habe. Für die Frage, ob eine Erkenntnis gültig ist, also begründet und gerechtfertigt werden kann, ist die Frage ihres Zustandekommens unerheblich.

Die Probleme der Induktion und der Abgrenzung von Wissenschaft und Metaphysik nehmen auch in der ›Logik der Forschung‹ einen zentralen Platz ein. In zwei wichtigen Punkten geht die ›Logik‹ aber über die ›Grundprobleme‹ hinaus. Zunächst widmet Popper den methodologischen Konsequenzen seiner Position breiteren Raum, und sodann nimmt er in umfangreichen Kapiteln Stellung zur Wahrscheinlichkeitstheorie und zu Fragen der Quantenmechanik.

Ausgangspunkt von Poppers Überlegungen ist seine Grundthese, dass die Induktion nicht die Methode der Naturwissenschaften ist und dass es insbesondere keine »induktiven Beweise« von Naturgesetzen gibt. Um die Unhaltbarkeit der induktiven Methode zu zeigen, greift Popper auf David Hume zurück und erneuert dessen Kritik. Der Kern des Induktionsproblems besteht in der Frage, ob die Geltung allgemeiner Aussagen durch »induktive Schlüsse«, d. h. durch Schlüsse vom Besonderen aufs Allgemeine, gerechtfertigt werden kann. Damit stellt sich folgende Problemsituation: Um von dem Satz »Alles bisher beobachtete Kupfer leitet Elektrizität« auf die Allaussage »Alles Kupfer leitet Elektrizität« logisch gültig schließen zu dürfen, wäre eine weitere allgemeine Prämisse erforderlich, die so etwas wie die Gleichförmigkeit des Naturverlaufs in Vergangenheit und Zukunft behauptet. Eine solche Prämisse, die als »Induktionsprinzip« (oder auch als »Uniformitätsprinzip«) bezeichnet wird, kann jedoch, und das ist die Pointe von Poppers Kritik, nicht ohne logischen Fehler bewiesen werden. Denn entweder wird dieses Prinzip einfach als gültig vorausgesetzt oder dogmatisch behauptet – dann kann von einem Beweis keine Rede sein –, oder es wird seinerseits empirisch begründet, doch dann dreht man sich im Kreis, indem das, was die Voraussetzung induktiver Verallgemeinerungen ist, selber induktiv zu begründen versucht wird. Die Bedeutung dieser Kritik liegt darin, dass es keine Möglichkeit gibt, die für alle Induktionsschlüsse notwendige Gleichförmigkeit des Naturverlaufs logisch oder rational zu beweisen. Die Zukunft könnte auch ganz anders ausfallen. Dies bedeutet, dass wissenschaftliche Theorien niemals als wahr bewiesen werden können.

Die Kritik an der Induktion liefert Popper auch den Schlüssel zur Lösung des Abgrenzungsproblems. Wissenschaftlich sind Theorien nicht dadurch, dass sie verifizierbar, sondern falsifizierbar sind, d. h. an der Erfahrung scheitern können. Gegen das positivistische Sinnkriterium setzt Popper seinen Vorschlag, Wissenschaft und Metaphysik mittels des Kriteriums der Falsifizierbarkeit abzugrenzen. Wissenschaftliche Theorien können durch Erfahrung überprüft und falsifiziert werden. Metaphysik lässt sich demgegenüber durch Erfahrung nicht kontrollieren, sie ist vielmehr gegen jede auf Erfahrung basierende Kritik »immun«. Metaphysik ist damit nach Popper aber keineswegs sinnlos oder wertlos. Es gibt auch metaphysische Ideen, wie z. B. den Atomismus, die sich als fruchtbar für die Wissenschaft erwiesen haben, obwohl sie ursprünglich rein spekulativ waren.

Popper wendet sich in diesem Zusammenhang vor allem gegen die auf Wittgenstein zurückgehende Auffassung, dass metaphysische Aussagen, da nicht verifizierbar, »sinnlose Scheinsätze« sind. Popper kritisiert, dass sich diese Unterscheidung von Wissenschaft und Metaphysik auf eine verfehlte Auffassung von Induktion stützt. Indem der Wiener Kreis im Anschluss an Wittgenstein das Sinnkriterium mittels des Begriffs der Verifizierbarkeit fasste, definierte er das Sinnkriterium »induktionslogisch«. Da es jedoch nach Popper keine »induktiven Beweise« gibt, läuft diese Auffassung ungewollt darauf hinaus, auch wissenschaftliche Allaussagen als sinnlos, da nicht verifizierbar, zu fassen.

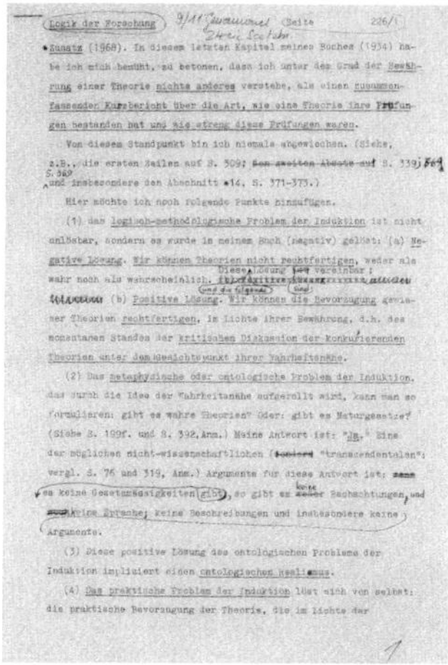
Logik der Forschung (Seite 226/1

*Zusatz (1968). In diesem letzten Kapitel meines Buches (1934) habe ich mich bemüht, zu betonen, dass ich unter dem Grad der Bewährung einer Theorie nichts anderes verstehe, als einen zusammenfassenden Kurzbericht über die Art, wie eine Theorie ihre Prüfungen bestanden hat und wie streng diese Prüfungen waren.

Von diesem Standpunkt bin ich niemals abgewichen. (Siehe, z.B., die ersten Zeilen auf S. 309; S. 339; S. 369 und insbesondere den Abschnitt *14, S. 371-373.)

Hier möchte ich noch folgende Punkte hinzufügen.

(1) das logisch-methodologische Problem der Induktion ist nicht unlösbar, sondern es wurde in meinem Buch (negativ) gelöst: (a) Negative Lösung. Wir können Theorien nicht rechtfertigen, weder als wahr noch als wahrscheinlich. Diese Lösung ist vereinbar (b) Positive Lösung. Wir können die Bevorzugung gewisser Theorien rechtfertigen, im Lichte ihrer Bewährung, d.h. des momentanen Standes der kritischen Diskussion der konkurrierenden Theorien unter dem Gesichtspunkt ihrer Wahrheitsnähe.

(2) Das metaphysische oder ontologische Problem der Induktion, das durch die Idee der Wahrheitsnähe aufgerollt wird, kann man so formulieren: gibt es wahre Theorien? Oder: gibt es Naturgesetze? (Siehe S. 199f. und S. 392, Anm.) Meine Antwort ist: "Ja." Eine der möglichen nicht-wissenschaftlichen ("transzendentalen"; vergl. S. 76 und 319, Anm.) Argumente für diese Antwort ist: es keine Gesetzmässigkeiten gibt, so gibt es keine Beobachtungen, und keine Sprache; keine Beschreibungen und insbesondere keine Argumente.

(3) Diese positive Lösung des ontologischen Problems der Induktion impliziert einen ontologischen Realismus.

(4) Das praktische Problem der Induktion löst sich von selbst: die praktische Bevorzugung der Theorie, die im Lichte der

20 ›Logik der Forschung‹ mit handschriftlichen Korrekturen für die 3. deutsche Auflage

Die Auseinandersetzung mit dem Problem der Induktion führt Popper zu seiner Revolution in der Wissenschaftstheorie: An die Stelle der induktiven Methode setzt er die so genannte »deduktiv-hypothetische Methode der Nachprüfung«. Diese Methode geht davon aus, dass allgemeine Naturgesetze »Gesetzeshypothesen« sind, die an ihren Folgerungen zu überprüfen sind. Sie ist deduktiv, weil allgemeine Naturgesetze als Prämissen aufgefasst werden, aus denen Aussagen über konkrete Ereignisse deduktiv abgeleitet werden; sie ist hypothetisch, weil Naturgesetze als Gesetzeshypothesen zwar falsifiziert, aber nicht verifiziert werden können.

Vermutungscharakter haben nach Popper aber nicht nur Naturgesetze, sondern auch wissenschaftliche Beschreibungen von Beobachtungen und Experimenten. Indem er auch wissenschaftliche Aussagen über konkrete Ereignisse (»Basissätze«) ausdrücklich als fehlbar betrachtet, wird der hypothetische Charakter zum universalen Merkmal der Wissenschaften. Die Wissenschaften müssen sich also bescheiden: Weder können sie ihre Theorien und ihre Deutungen der Wirklichkeit beweisen, noch können sie ihr »Gebäude des Wissens« auf einem felsenfesten, ein für alle Mal gesicherten Fundament errichten.

Aus der Ersetzung der induktiven Methode durch die deduktiv-hypothetische Methode hat Popper wichtige Folgerungen für die wissenschaftliche Methodenlehre gezogen. Entscheidend ist dabei zunächst sein Grundgedanke, dass wissenschaftliches Vorgehen darin besteht, Hypothesen und Theorien zu überprüfen. Es ist wichtig, sich die Umkehrung der Zielsetzung klar zu machen: Wissenschaftler sollen ihre Theorien so formulieren, dass sie sich möglichst gut empirisch überprüfen lassen, und sie sollen nicht nach Bestätigungen ihrer Theorien suchen, weil fast jede Theorie mit irgendwelchen Aspekten der Wirklichkeit übereinstimmt. Es kommt vielmehr darauf an, die Theorien möglichst harten Tests auszusetzen. Nur wenn sie sich in neuen, unerwarteten Bereichen bewähren, können sie Anspruch darauf erheben, die Wirklichkeit adäquat zu erfassen.

Dass wissenschaftliche Theorien durch Erfahrung widerlegbar sein müssen, heißt freilich nicht, dass in der Praxis bei einer einzigen widersprechenden Beobachtung eine Theorie gleich aufzugeben wäre. Das klassische Beispiel hierfür ist die Entdeckung des Planeten Neptun im 19. Jahrhundert. Mit Hilfe des Newtonschen Gravitationsgesetzes konnten die Planetenbewegungen genau berechnet werden. Plötzlich entdeckte man jedoch, dass die Umlaufbahn des Uranus nicht mit den Prognosen übereinstimmte. Ansonsten war die Newtonsche Theorie jedoch hervorragend bewährt. Sollte sie deswegen als falsifiziert aufgegeben werden? Man tat es nicht und lag damit richtig. Man vermutete, dass ein bisher unbekannter Planet die Umlaufbahn des Uranus störte und berechnete anhand der Beobachtungsdaten die Größe und die Umlaufbahn des unbekannten Planeten. Und tatsächlich entdeckte man Neptun im Jahre 1846. Dies war eine glänzende Bestätigung Newtons. Popper zieht daraus den Schluss, dass man bewährte Hypothesen bei auftretenden Schwierigkeiten nicht leichtfertig aufgeben darf. Nur ein Festhalten an Theorien um jeden Preis, also die »Immunisierung« von Theorien, ist nach Popper verboten.

Mit ›Logik der Forschung‹ hatte ein junger Außenseiter die Frage des Wiener Kreises nach »Wissenschaftlichkeit« aus der Sackgasse der Induktion und Verifizierbarkeit geführt.

Persönlicher Erfolg, politische Götterdämmerung

Das Erscheinen der ›Logik der Forschung‹ verschaffte Popper die Anerkennung der Fachwelt, internationale Kontakte und schuf die Voraussetzung für seine akademische Karriere. Die Jahre 1934 bis 1936 waren jedoch auch durch die Ausbreitung des Faschismus und die Zerschlagung der demokratischen Öffentlichkeit in Mitteleuropa gekennzeichnet, einen Prozess, durch den der Mensch und der Wissenschaftler Popper in höchstem Maße gefährdet wurde.

Noch vor Veröffentlichung der ›Logik‹ hatte Neurath auf Druck Carnaps schließlich eingewilligt, Popper 1934 zur Vorkonferenz des »Internationalen Kongresses für Einheit der Wissenschaft« nach Prag einzuladen. Popper traf am 31. August in Prag ein, mit dem vollständigen, aber noch unveröffentlichten Manuskript in der Tasche. Doch noch war er für die Teilnehmer ein Unbekannter, was ihn offenbar zu einigen seiner gefürchteten aggressiven Diskussionsauftritte provozierte. Reichenbach war so erbost, dass er ihm den Handschlag verweigerte.

In positiver Hinsicht folgenreich war jedoch die Prager Begegnung mit dem polnischen Logiker und Sprachphilosophen Alfred Tarski. Als Tarski sich im Frühjahr und Sommer 1935 in Wien aufhielt und dort u. a. die Seminare Schlicks besuchte, wurden sie Freunde. Bei gemeinsamen Spaziergängen im Wiener Volksgarten erläuterte Tarski

> Der Wiener Kreis verwandelte das technische Antlitz der Philosophie, indem er das Konzept Bertrand Russells verwirklichte und weiterentwickelte, Philosophie *more geometrico* zu betreiben und insbesondere auch mit Hilfe der mathematischen Logik. … Trotzdem hatte die Epistemologie, die die Mitglieder des Wiener Kreises vertraten und befürworteten, einen fatalen Mangel: Sie war verknüpft mit der empiristischen und induktivistischen Tradition …, die unvereinbar war mit der realistischen Epistemologie, die wesentlich zur wissenschaftlichen Perspektive gehört. … Popper war derjenige, der am deutlichsten die Unfähigkeit des logischen Empirismus erkannte, sich mit eben der Wissenschaft zu vermählen, der er seine Liebe erklärte.
>
> *Mario Bunge, ›Epistemologie‹ (1980)*

21 Alfred Tarski

Popper seine semantische Wahrheitstheorie. Popper war so begeistert, dass er Tarski später »meinen wirklichen Lehrer in der Philosophie« genannt hat. (OE 350) Dieser Enthusiasmus wird nur verständlich, wenn man daran erinnert, dass idealistische und positivistische Denker das Wahrheitsverständnis des gesunden Menschenverstandes, wonach Wahrheit in der »Übereinstimmung« mit Tatsachen besteht, gewöhnlich ablehnten. In Tarskis Wahrheitstheorie sah Popper eine Rehabilitierung des alltäglichen Wahrheitsverständnisses und damit eine Verteidigung des natürlichen Realismus. Von nun an war es ihm möglich, von Wahrheit als dem unverzichtbaren Ziel aller Erkenntnisbemühungen des Menschen ohne schlechtes intellektuelles Gewissen zu sprechen. Wahrheit war ein regulatives Ziel, auch wenn das Erreichen der Wahrheit nie bewiesen werden kann.

Zahlreiche Rezensionen folgten dem Erscheinen der ›Logik‹. Kein anderes Buch wurde so intensiv in ›Erkenntnis‹, der Hauszeitschrift des Wiener Kreises, diskutiert. Carnap und Hempel rezensierten das Buch positiv, Neurath und Reichenbach schrieben scharfe Kritiken. Auch der von Pop-

Als Tarski mir 1935 im Wiener Volksgarten die Idee seiner Definition des Wahrheitsbegriffs auseinandersetzte, sah ich sofort, wie wichtig sie war, und daß er ein für allemal die vielgelästerte Korrespondenztheorie der Wahrheit rehabilitiert hatte, die, wie ich glaube, schon immer jene Idee der Wahrheit war, die vom gesunden Menschenverstand akzeptiert wird.

Popper über Alfred Tarski (A 137 f.)

per so verehrte Albert Einstein nahm zu dem Buch Stellung. Den Kontakt hatte ein alter Freund, der Pianist Rudolf Serkin (1903–1991) vermittelt. Über dessen Schwiegermutter Frida Busch gelangte die ›Logik‹ in die Hände Einsteins. Dieser antwortete in einem Brief vom Juni 1935, in dem er das Werk würdigte, aber auch einige kritische Einwände zu Spezialfragen der modernen Relativitäts- und Quantentheorie vorbrachte. Popper war so stolz auf diesen Brief, dass er ihn im späteren Auflagen der ›Logik der Forschung‹ im Anhang ganz abdrucken ließ. Ein erster Kontakt mit Einstein war etabliert.

Das Buch machte Popper im Umfeld des Wiener Kreises endgültig zu einer bekannten Person und zu einem gesuchten Gesprächspartner. So lernte er u. a. auch Werner Heisenberg (1901–1976) kennen, den führenden Vertreter der neuen Quantenmechanik, mit dem er sich in eine heftige Kontroverse verwickelte und auch einen Abend in Wien diskutierte. Er erhielt Einladungen zu privaten Diskussionen, aber auch zu Vorträgen. Mathematiker wie Karl Menger und Richard von Mises (1883–1953) luden ihn im Laufe des Jahres 1935 in ihre Kolloquien ein, wo er seine Ansichten über Wahrscheinlichkeitstheorie darlegen sollte.

Er erhielt aber auch Einladungen zu Vorträgen im Ausland. Anfang September nahm er an dem ebenfalls von Neurath organisierten »1. Internationalen Kongreß für Einheit der Wissenschaft« in Paris teil, auf dem Bertrand Russell der Stargast war. Wichtige Kontakte knüpfte er in den insgesamt

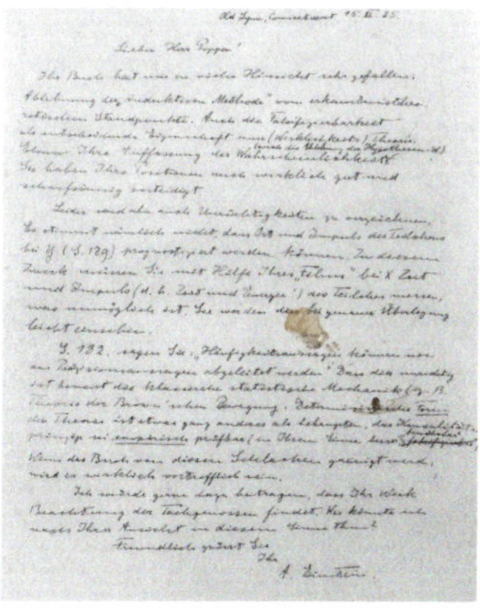

Lieber Herr Popper!

Ihr Buch hat mir in vieler Hinsicht sehr gefallen:

22 Albert Einsteins Brief an Popper vom 15. 6. 1935

neun Monaten, die er anschließend von September 1935 bis Juni 1936 in England verbrachte und für die ihm von der Schulbehörde unbezahlter Urlaub gewährt wurde. Danach fuhr er nach Kopenhagen zum »2. Internationalen Kongreß für Einheit der Wissenschaft«, der vom 21. bis 26. Juni stattfand. Dabei hatte er auch Gelegenheit mit Niels Bohr (1885–1962), einem der führenden Vertreter der neuen Quantenmechanik, zu diskutieren. Die Diskussion verlief jedoch einseitig, da Bohr Popper kaum zu Wort kommen ließ und überhaupt einen überwältigenden Eindruck auf ihn machte. Von Kopenhagen kehrte er mit dem Zug durch Nazi-Deutschland nach Wien zurück. Der Schatten des Faschismus hatte sich über Mitteleuropa gelegt, und die Frage nach seiner beruflichen Zukunft stellte sich für Popper dringender denn je. Die zahlreichen Einladungen zu Vorträgen hatten in ihm noch die Hoffnung auf eine Universitätskarriere genährt. Doch zunächst ergab sich kein Angebot für eine akademische Stellung.

In Österreich selbst konnte Popper kaum auf eine Chance hoffen. Das reaktionäre und antisemitische politische Klima verschärfte sich. Am 22. Juni 1936, kurz vor Poppers

23 Niels Bohr. Portraitgemälde

Niels Bohr war, was an sich sehr bewunderungswürdig ist, so voll von Ideen, daß er es nicht verstand, auf andere hinzuhören.

Popper über Niels Bohr (NW 26)

Rückkehr nach Wien, war Schlick von einem ehemaligen Studenten auf dem Treppenaufgang zur Wiener Universität erschossen worden. Es erschien eine Vielzahl von Zeitungsartikeln, die über Schlick, den man ganz selbstverständlich, aber fälschlich für einen Juden hielt, in übelster Weise herzogen und die religionskritische Philosophie des Kreises für die Sinn- und Lebenskrisen junger Menschen verantwortlich machten, wobei ganz offen Sympathie für den Mörder Schlicks bekundet wurde.

Spätestens seit der Machtergreifung Hitlers in Deutschland im Januar 1933 hatte sich auch in Österreich das politische Koordinatensystem nach rechts verschoben. Im April 1933 wurde die österreichische nationalsozialistische Partei, eine Marionette der deutschen NSDAP, in Landtags- und Kommunalwahlen zur stärksten Partei. Engelbert Dollfuß, der Kanzler einer Koalition aus christlich-konservativen und nationalen Parteien, begann eine auf Notverordnungen gestützte repressive Politik gegen Sozialdemokraten und Nationalsozialisten, die zunächst zu einem Verbot der NSDAP führte. Willkürmaßnahmen der Regierung gegen die Sozialdemokratie führten im Februar 1934 zu einem Aufstand des »Republikanischen Schutzbundes«, der bewaffneten Selbstschutzorganisation der Sozialdemokratie. Nach vier Tagen Bürgerkrieg im ganzen Land wurde der Aufstand niedergeschlagen und die Sozialdemokratie verboten. Die neue Verfassung vom Mai 1934 hob demokratische Prinzipien auf und propagierte einen autoritären christlichen Ständestaat mit der »Vaterländischen Front« als einziger Partei. Nach der Beseitigung der parlamentarischen Demokratie und dem Übergang zum Einpar-

---

Auch der **Wiener Kreis** wurde von der politischen Entwicklung unmittelbar betroffen: Zusammen mit der Sozialdemokratischen Partei wurde der »Verein Ernst Mach« verboten. In einem Brief an die Wiener Polizeidirektion protestierte Schlick gegen dieses Verbot mit dem Hinweis auf die politische Neutralität des Vereins, doch ohne Erfolg.

teienstaat kam es im Juni 1934 zu einem Putschversuch der verbotenen NSDAP, der zwar scheiterte, in dessen Folge aber Dollfuß ermordet wurde. Hitler betrieb nun eine Politik der Einschüchterung und Erpressung gegenüber Österreich. Die Regierung des Dollfuß-Nachfolgers Kurt Schuschnigg musste schließlich im Juli 1936 den Verzicht auf eine selbstständige österreichische Außenpolitik erklären.

Diese politischen Ereignisse wurden begleitet und unterstützt von einem immer offener auftretenden, aggressiven Antisemitismus. Studieren und Lehren an einer Universität wurde für Juden praktisch unmöglich. Die antisemitisch aufgeladene gesellschaftliche Atmosphäre trat besonders deutlich nach der Ermordung Schlicks zutage. Popper hatte sich, wie er in einem Brief viele Jahre später schrieb, nie als Juden betrachtet. Schließlich war er bei seiner Geburt getauft und danach protestantisch erzogen worden. Nun wurde ihm die Gefahr bewusst, die ihm aufgrund seiner jüdischen Abstammung drohte.

Dass die Gefahren für Leib und Leben sehr real waren, zeigt das Schicksal von Poppers Verwandten, von denen insgesamt sechzehn den Holocaust nicht überlebten. Seine eigene engere Familie konnte diesem Schicksal entgehen. Die jüngere Schwester Annie emigrierte in die Schweiz, seine Mutter starb 1938. Die Hoffnung, an einer österreichischen Universität Fuß zu fassen, musste Popper angesichts dieser politischen Situation aufgeben. Als realistische Mög-

> Ich bin jüdischer Abstammung, aber geboren und aufgewachsen als Sohn von Eltern, die Jahre, bevor ich geboren wurde, getauft wurden. Ich selbst wurde bei meiner Geburt getauft und als Protestant erzogen. Ich glaube nicht an »Rassen«; ich verabscheue jede Form des Rassismus und Nationalismus; und ich habe nie der jüdischen Glaubensgemeinschaft angehört. Daher sehe ich nicht, auf welcher Basis ich mich als Jude betrachten könnte. Zwar sympathisiere ich mit Minderheiten, doch obwohl dies mich veranlasst hat, meine jüdische Herkunft zu betonen, betrachte ich mich nicht als Jude …
>
> *Popper in einem Brief vom 6. 1. 1969 (Übers. v. Verf.)*

lichkeit einer akademischen Karriere und eines persönlichen Lebens in Freiheit blieb nur das westliche Ausland. Nun kamen Popper die neu erworbenen Kontakte in England zugute. Er hatte Verbindungen zum »Academic Assistance Council« aufgenommen, einer britischen Organisation, die sich bemühte, vom Faschismus verfolgten Wissenschaftlern zu helfen. Er begründete seine Bitte, ihm beim Verlassen Österreichs zu helfen, unter anderem mit dem Antisemitismus seiner Schüler und Kollegen.

Auf Anraten englischer Freunde bewarb er sich außerdem auf eine Stelle als Dozent am Canterbury University College in Christchurch/Neuseeland, wobei er auf Referenzen so bedeutender Zeitgenossen wie Einstein, Bohr, Russell, Moore und Carnap verweisen konnte. Als am Weihnachtsabend 1936 das Telegramm mit der Zusage eintraf, zögerte Popper nicht lange. Zwar hatte man ihm auch eine befristete Dozentenstelle in Cambridge angeboten, doch Neuseeland bedeutete eine feste und dauerhafte Anstellung.

Poppers Auswanderung nach Neuseeland war Teil einer erzwungenen Emigrationswelle, die den gesamten Wiener Kreis erfasste. Angesichts der sich abzeichnenden Veränderung der politischen Verhältnisse hatten einige Mitglieder des Kreises seit Beginn der 30er-Jahre die Gelegenheit wahrgenommen, um ihre berufliche Karriere als freie Wissenschaftler im Ausland fortzusetzen. Bereits 1931 war Feigl in

> Ich bin aufgewachsen in Wien, der zweitausendjährigen übernationalen Metropole, und habe sie wie ein Verbrecher verlassen müssen, ehe sie degradiert wurde zur deutschen Provinzstadt. Mein literarisches Werk ist in der Sprache, in der ich es geschrieben, zu Asche gebrannt worden, in eben demselben Lande, wo meine Bücher Millionen Leser sich zu Freunden gemacht. So gehöre ich nirgends mehr hin, überall Fremder und bestenfalls Gast … Wider meinen Willen bin ich Zeuge geworden der furchtbarsten Niederlage der Vernunft und des wildesten Triumphes der Brutalität innerhalb der Chronik der Zeiten; nie … hat eine Generation einen solchen moralischen Rückfall aus solcher geistigen Höhe erlitten wie die unsere.
>
> *Stefan Zweig, ›Die Welt von Gestern‹ (1944)*

die USA ausgewandert. Ebenfalls 1931 ging Carnap nach Prag und 1936 von dort weiter in die USA. Neurath floh 1934 nach dem Verbot der Sozialdemokratie nach Den Haag und 1940 weiter nach England. Mit der Ermordung Schlicks war das Ende des Wiener Kreises praktisch besiegelt, auch wenn sich die verbliebenen Mitglieder auf privater Ebene unter der Leitung von Waismann noch bis 1938 weiter trafen. Doch nach und nach emigrierten fast alle Mitglieder des Kreises. 1937 ging Menger in die USA und 1938 Waismann nach England. Gödel erreichte die USA 1940 auf abenteuerlichem Wege. Viktor Kraft blieb als einziger namhafter Vertreter des Wiener Kreises in Österreich, durfte jedoch nicht weiter lehren. Eine der bedeutendsten philosophischen Bewegungen der ersten Hälfte des 20. Jahrhunderts wurde aus Mitteleuropa vertrieben. Vernichtet wurde die Philosophie des Wiener Kreises jedoch nicht. Sie lebte in der analytischen Philosophie der englischsprachigen Länder neu auf, von wo sie in den 60er-Jahren rückimportiert wurde. Ironischerweise trug die Auflösung des Wiener Kreises und die Zerstreuung seiner Mitglieder in alle Welt zur weltweiten Verbreitung seiner Ideen entscheidend bei. Für Popper selbst begann jedoch ein Jahrzehnt der Isolation.

> Zu den einflußreichsten empiristischen Richtungen dieses Jahrhunderts gehörte der Wiener Kreis. Unter dem Druck der politischen Verhältnisse (dem sog. »Anschluß« Österreichs an Deutschland im Jahre 1938) wurde er zur Auflösung verurteilt, und seine Angehörigen mußten zum größten Teil auswandern. Sie haben die englische und amerikanische Philosophie maßgebend beeinflußt. Die analytische Philosophie, welche heute in diesen Staaten die vorherrschende philosophische Richtung darstellt, ist zu einem großen Teil aus einer Weiterentwicklung von Gedanken hervorgegangen, die erstmals im Wiener Kreis konzipiert worden waren.
>
> *Wolfgang Stegmüller,*
> *›Hauptströmungen der Gegenwartsphilosophie I‹ (1969)*

Die offene Gesellschaft und ihr Verteidiger

»In der freien Luft Englands«

Die Einladungen nach England, die ihn nach Erscheinen seiner ›Logik der Forschung‹ erreichten, machten Popper mit einer Zivilisation bekannt, die bis zum Ende seines Lebens sein Denken und seine kulturellen und politischen Wertungen beeinflussen sollte. Er war in einem Teil Europas aufgewachsen, der nur rudimentär demokratische Traditionen entwickelt hatte. Untertanengeist, Hierarchiedenken und Verehrung des Militärischen waren sowohl in Deutschland als auch in Österreich bis zum Zweiten Weltkrieg weit verbreitet. Nun traf er auf eine Gesellschaft, in der es wenig Antisemitismus gab und in der sich bis in die Höflichkeitsnormen eine Achtung vor dem Individuum durchgesetzt hatte. Es war die Erfahrung einer demokratischen Alltagskultur, die Popper beeindruckte und ihn fortan zu einem überzeugten Anhänger des »British way of life« werden ließ. So äußerte er sich positiv erstaunt darüber, dass die Engländer die morgendlichen Milchflaschen unbewacht vor ihrer Haustür stehen ließen. Verglichen mit Wien, einer Stadt, in der das Klima von gewaltsamen sozialen, ideologischen, ethnischen und nationalen Auseinandersetzungen geprägt war, traf er in England auf die entspannte Atmosphäre einer Gesellschaft,

Das England des Jahres 1935 war, trotz Arbeitslosigkeit und trotz der Bedrohung durch Hitler, die zufriedenste Industrienation Europas, die ich in meinem ganzen Leben gesehen habe: Jeder einzelne Arbeiter, jeder Busschaffner und jeder Taxifahrer, jeder Polizist war ein vollendeter Gentleman.

Popper über das Leben in England (LP 299)

die, ungeachtet ihrer sozialen Probleme, mit sich im Reinen schien.

Politisch und philosophisch waren die Briten ihren eigenen, vom Kontinent abweichenden Weg gegangen. Weder Marxismus noch Faschismus hatten sich hier zu Massenbewegungen entwickelt. Vielmehr hatte der Liberalismus mit seiner Forderung nach dem verfassungsmäßig garantierten Recht des Bürgers auf freie Meinungsäußerung und auf politische Teilhabe am Gemeinwesen das politische System geprägt. Auch die philosophischen Strömungen der Existenzphilosophie, Phänomenologie, des Neukantianismus und der Lebensphilosophie, die in Deutschland und Frankreich in der ersten Hälfte des 20. Jahrhunderts die Diskussion bestimmten, übten hier kaum einen Einfluss aus. Die bedeutendsten britischen Philosophen standen in der Tradition des Empirismus und Positivismus. Die Tatsache, dass genau diese Traditionen auch in Österreich durch den Wiener Kreis gepflegt worden waren, hat Popper den Zugang zum kulturellen Milieu der britischen Philosophie erheblich erleichtert.

Popper wurde aber nicht nur aus philosophischen Gründen, sondern auch aus lebenspraktischer Erfahrung ein überzeugter Verteidiger des Westens, den er mit dem aufklärerischen Erbe der Rationalität, Liberalität und Toleranz identifizierte. Im englischsprachigen Raum lernte er das kennen, was als »offene Gesellschaft« zum Schlüsselwort seiner politischen Philosophie werden sollte.

In Anbetracht der bedrohlichen politischen Lage in der Heimat diente der England-Aufenthalt Popper nicht nur dem philosophischen Meinungsaustausch, sondern auch

> Ich kam aus Österreich, wo eine verhältnismäßig milde Diktatur herrschte, die aber von dem nationalsozialistischen Nachbarn bedroht war. In der freien Luft Englands konnte ich aufatmen. Es war, wie wenn die Fenster geöffnet worden wären. Der Name ›Offene Gesellschaft‹ stammt von diesem Erlebnis.
>
> *Popper über den Schlüsselbegriff »Offene Gesellschaft« (RoR 22)*

24 Bertrand Russell

der Suche nach Arbeitsmöglichkeiten im Ausland. Popper bereitete seine Emigration vor. Er hoffte darauf, dass die Kontakte in England ihm die Chance einer akademischen Anstellung eröffnen würden.

Die ersten dieser Kontakte knüpfte er bereits auf dem Pariser Kongress 1935. Dort lernte er den jungen Alfred J. Ayer kennen, einen Verehrer Bertrand Russells, der schon in Wien die Luft des Schlick-Zirkels geschnuppert hatte und ihn während seines gesamten England-Aufenthaltes betreute. Noch in Paris stellte ihm Ayer Isaiah Berlin (1909–1998) und Gilbert Ryle (1900–1976) vor. Im September 1935 traf Popper in England ein. Susan Stebbing, eine der damals seltenen arrivierten Philosophinnen, hatte ihn an die Universität London zu zwei Vorträgen am Bedford College eingeladen.

Auf Betreiben Ayers war er auch Gast der »Aristotelischen Gesellschaft«, wo er zum ersten Mal persönlich mit Bertrand Russell (1872–1970) in Kontakt kam, den er zeitlebens hoch schätzte und als den »größten Philosophen seit Kant« betrachtete. Das Verhältnis zwischen beiden entwickelte sich positiv, blieb philosophisch aber einseitig.

Unter den Philosophen dieses Jahrhunderts zeichnete sich Bertrand Russell dadurch aus, daß er sich neben der Beschäftigung mit speziellen philosophischen Problemen nicht nur für Natur- und Sozialwissenschaften interessierte, sondern auch Zeit fand, sich für das Erziehungswesen zu engagieren und aktiv in der Politik zu arbeiten. Er erlangte den Weltruf ... vor allem durch seine politische Aktivität und sein Eintreten für moralische und soziale Fragen. *Alfred J. Ayer, ›Russell‹ (1972)*

Während Popper alle Schriften Russells las und sich auch darauf bezog, hat sich der beinahe 30 Jahre ältere Russell nicht annähernd so intensiv mit dem Werk des jüngeren Kollegen beschäftigt. Auf der Tagung der »Aristotelischen Gesellschaft« sprach Russell über »Die Grenzen des Empirismus«. Er versuchte dabei, Humes Kritik der Induktion Rechnung zu tragen und ein modifiziertes Induktionsprinzip zu verteidigen, das eine Geltung *a priori* im Sinne Kants beanspruchte. Dies rief den Induktionskritiker Popper auf den Plan. Doch für ihn selbst überraschend traf seine forsch vorgetragene These, dass es Wissen im strengen beweisbaren Sinne in den Wissenschaften überhaupt nicht gibt, dass alles Wissen lediglich Vermutungswissen ist und dass man auch gar nicht auf Induktion angewiesen sei, kaum auf Widerstand im Auditorium. Seine Ausführungen wurden im Gegenteil mit Beifall bedacht.

Popper glaubte, das Publikum habe seine Ausführungen als Scherz verstanden und deren Bedeutung nicht erkannt. Wahrscheinlicher jedoch ist, dass er mit der in England üblichen höflichen Diskussionsatmosphäre noch nicht hinreichend vertraut war und Beifall als Zustimmung missverstand.

Ein weiteres Problem erschwerte sein Auftreten in England. Sein noch unbeholfenes Englisch mit starkem Wiener Akzent machte das Verständnis seiner Argumente für die Zuhörer nicht einfach. Popper konnte englisch lesen, aber nicht flüssig sprechen. Dies war jedoch Voraussetzung für eine Lehrtätigkeit in England. Während seines neunmonatigen Aufenthalts verbesserte sich seine Sprachfähigkeit allerdings erheblich.

> Die allgemeinen Prinzipien der Wissenschaft – wie der Glaube an das Bestehen von Naturgesetzen und die Überzeugung, daß jedes Ereignis eine Ursache haben müsse – sind genauso vom Induktionsprinzip abhängig wie unsere alltäglichen Erwartungen. Man vertraut solchen Prinzipien, weil unzählige Fälle beobachtet worden sind, in denen sie gültig waren, und kein Fall, in dem sie ungültig gewesen wären.
>
> *Bertrand Russell, ›Probleme der Philosophie‹ (1912)*

Zum Weihnachtsfest 1935 fuhr er zur Familie nach Wien, um im Januar schon wieder nach England zurückzukehren. Auf dem Weg nach London übernachtete er in Brüssel bei dem Sozialphilosophen und Ökonomen Alfred Braunthal, einem alten Bekannten aus der Zeit der »Vereinigung der Sozialistischen Mittelschüler«. Am Abend des 9. Januar 1936 traf sich im Haus Braunthals eine Gruppe von deutschen und österreichischen Emigranten, darunter Carl Hempel und Alfred Hilferding. Man diskutierte über mögliche ideologische Fehler der sozialistischen Bewegung, die den Aufstieg des Faschismus begünstigt haben könnten. Gab es wirklich »historische Gesetze«, die sich mit naturwissenschaftlichen Gesetzen vergleichen ließen? Braunthal selbst war dabei, sich von der klassischen marxistischen Position zu lösen.

An jenem Abend trug Popper eine Argumentationsskizze vor, aus der sich schließlich sein erstes sozialphilosophisches Werk ›Das Elend des Historizismus‹ entwickeln sollte. Er begann, aus seiner Wissenschaftstheorie Schlussfolgerungen für die Geistes- und Sozialwissenschaften und für die politische Philosophie zu ziehen. Wie Vertreter des Wiener Kreises vertrat Popper die Idee einer Einheit der Wissenschaften und lehnte eine besondere Methodologie der Geisteswissenschaften ab. Nach seiner Auffassung besteht die Aufgabe der Historie als Wissenschaft nicht darin, Gesetzmäßigkeiten der Geschichte zu finden, sondern individuelle historische Ereignisse zu erforschen. Geschichte ist keine »Gesetzeswissenschaft«, weil es überprüfbare »historische Gesetze« überhaupt nicht gibt. Daher sind alle Versuche, einen bestimmten Verlauf der Geschichte als »un-

---

Meine Kritik des pseudo-wissenschaftlichen, pseudo-historischen und mythologischen Charakters der Geschichtsphilosophien, besonders der von Marx, aber auch der von Spengler (die der von Marx ganz ähnlich ist, so grundverschieden beide auch erscheinen mögen), reifte durch viele Jahre. 1935 skizzierte ich sie in einer Form, die schon alle wesentlichen Gedanken dieses Buches enthielt.

Popper über die Entstehung der Historizismus-Schrift (EH VII)

vermeidlich« vorauszusagen, keine wissenschaftlichen Prognosen, sondern pseudowissenschaftliche Dogmen.

Mit der Skizze in der Tasche fuhr Popper nach London. Dort wohnte er in einem kleinen möblierten Appartement im Stadtteil Paddington. Durch Vermittlung Ayers wurde er nun u.a. mit George Edward Moore (1873–1958) und R.B. Braithwaite bekannt. A.C. Ewing lud ihn zu einem Vortrag in den renommierten »Moral Science Club« in Cambridge ein, bei dem Moore anwesend war. Moore teilte anschließend Ayer mit, dass er zur Verfügung stehe, wenn Popper seine Referenz für eine Bewerbung benötige. Zu den wichtigen neuen Kontakten gehörte auch der zu dem Biologen J.H. Woodger, der als Sozialist ebenfalls an der Frage der Wissenschaftlichkeit der marxistischen Geschichtsphilosophie interessiert war.

Doch letztlich waren es nicht die Kontakte zu englischen Gesprächspartnern, die zu langfristigen persönlichen Beziehungen führten. Ob Poppers mangelnde Sprachkenntnisse, unterschiedliche kulturelle Mentalitäten oder sein dominantes Auftreten dabei eine Rolle gespielt haben, bleibt dahingestellt. Es waren jedenfalls deutschsprachige Mitteleuropäer, zu denen Popper engere Bindungen entwickelte. In Oxford traf er erstmals Erwin Schrödinger (1887–1961). Eine enge Freundschaft entwickelte sich mit dem ebenfalls aus Wien stammenden Kunstwissenschaftler Ernst Gombrich (geb. 1909), der wie Popper in Paddington wohnte und am Londoner Warburg Institute arbeitete. Die beiden waren sich in Wien nur flüchtig begegnet, obwohl die Familien sich gut kannten. Gombrichs Vater hatte in der Kanzlei von Simon Popper gearbeitet und nach dessen

---

Der Engländer George Edward Moore (1873–1958) gehört – zusammen mit Bertrand Russell, Ludwig Wittgenstein, Rudolf Carnap und Karl Popper – zu jenen fünf Philosophen, die auf die Entwicklung und Verbreitung der angelsächsischen Philosophie in der ersten Hälfte des zwanzigsten Jahrhunderts den größten Einfluß gehabt haben.

Norbert Hoerster, Vorwort zu:
G.E. Moore, ›Grundprobleme der Ethik‹ (1975)

Tod Poppers Mutter Rechtsbeistand geleistet. Es wurde eine der wenigen Beziehungen Poppers von gleich zu gleich. Beide respektierten und inspirierten einander, wobei es keine unerhebliche Rolle gespielt haben dürfte, dass Gombrich kein Philosoph war, sondern sich auf seinem eigenen Gebiet profilierte. Die Beziehung zwischen Gombrich und Popper blieb ein Leben lang erhalten. Sie blieb die ungetrübteste und wichtigste Freundschaft, die Popper je hatte.

Für seine berufliche Entwicklung noch wichtiger wurde der Kontakt zu dem liberalen Ökonomen Friedrich August Hayek (1899–1992), auch er ein ehemaliger Wiener. Der spätere Nobelpreisträger für Wirtschaftswissenschaften lehrte seit 1931 an der London School of Economics (LSE), nachdem er bereits in Wien als Leiter des österreichischen Instituts für Konjunkturforschung Karriere gemacht hatte. Im Frühjahr 1936 trug Popper seine zum Vortrag ausgearbeitete Diskussionsskizze zum »Historizismus« in Hayeks Seminar vor. Hayek war beeindruckt. Eine Stelle am LSE konnte er Popper jedoch noch nicht anbieten. Er wies Popper aber auf den »Academic Assistance Council« hin, eine Organisation, die akademische Flüchtlinge in Großbritannien unterstützte. Über Hayek lernte Popper den Vorsitzenden des »Council«, Walter Adams, kennen. Doch auch Adams konnte Popper zunächst nicht helfen, denn als jemand, der in Österreich noch eine Stelle hatte, kam er für eine Hilfe nicht in Frage. Dennoch sollte sich der Kontakt zu Hayek im Laufe der Jahre als unschätzbar erweisen.

25 Popper mit F. A. Hayek (1982)

Popper verließ im Juni 1936 England in einer deprimierten Stimmung. Seine Aussichten, bei einer möglichen Emigration Arbeit zu finden, schienen düster. Nach dem Besuch des Kopenhagener Kongresses wieder in Wien eingetroffen, schrieb er mehrere Bewerbungen, u.a. auch in die USA. Im November gab er sogar seine Lehrerstelle auf, um an die Unterstützung des »Council« zu kommen. Tatsächlich bot man ihm ein einjähriges Gaststipendium an. Doch war dies keine dauerhafte Anstellung. Der entscheidende Hinweis kam von Woodger. Dieser machte Popper auf eine Stellenanzeige des »Canterbury University College« in Christchurch/Neuseeland aufmerksam. Ausgeschrieben waren eine Dozentur und eine Professur für den gemeinsamen Bereich Erziehungswissenschaften und Philosophie. Popper bewarb sich und machte nun Gebrauch von den Referenzen, die man ihm angeboten hatte. Moore und Woodger schrieben Gutachten für ihn, aber auch Bohr, Bühler, Russell, Carnap und Tarski. Er erhielt zwar nicht die Professur, aber die untergeordnete Dozentur. Das Signal für die Emigration war gesetzt. Das ihm angebotene Gaststipendium in Cambridge vermittelte er an Friedrich Waismann. Innerhalb kürzester Zeit regelte Popper nun seine Verhältnisse in Wien. Auch Hennie kündigte ihre Stellung. Die noch lebenden Familienmitglieder mussten zurückgelassen werden – für immer. Mit ausgewählten Büchern aus der Bibliothek Simon Poppers im Gepäck brachen beide Ende Januar 1937 nach London auf. Nach einem Zwischenaufenthalt von fünf Tagen schifften sie sich am 4. Februar 1937 auf dem Frachter »Rangitata« nach Neuseeland ein.

In **Neuseeland** als einer der jüngsten Kolonien des Empire mit dem Status eines »Dominion« war das Zugehörigkeitsgefühl zu Großbritannien besonders ausgeprägt. Die durch das Statut von Westminster 1931 verliehene Unabhängigkeit wurde eher widerwillig

Neuseeland

Im März 1937 landeten die Poppers nach fünf Wochen Überfahrt an der neuseeländischen Küste. Sie kamen in ein abgelegenes pazifisches Land, das, in einer Zeit ohne Flugverbindungen und Internet, nur durch Schiffsverkehr, Brief- oder Telegraphenpost mit der Alten Welt verbunden war. Und auch diese Verbindungen wurden während des Kriegs stark eingeschränkt. Briefe nach Europa konnten dann bis zu fünf Monaten unterwegs sein. Von der Fläche so groß wie Großbritannien, aber mit einer damaligen Einwohnerzahl von unter zwei Millionen, war Neuseeland ein geographisch isoliertes und dünn besiedeltes Land, das alle Vorteile Englands, nicht aber die Nachteile geerbt zu haben schien: Ausgestattet mit einer grandiosen Natur und mit den Institutionen der britischen Demokratie, hatte sich hier, fern von den europäischen Konflikten, eine Gesellschaft herausgebildet, in der Klassenschranken eine wesentlich geringere Rolle spielten als in Europa. Popper schwärmte im Rückblick von seinem Gastgeberland: »Ich hatte den Eindruck, daß Neuseeland von allen Ländern der Welt das am besten regierte Land sei, aber auch das am leichtesten zu regierende. Es herrschte eine wunderbar ruhige und für die Arbeit angenehme Atmosphäre …« (A 158)

Doch dieses Bild deckte sich nicht ganz mit der neuseeländischen Wirklichkeit. Als Popper ins Land kam, waren die Narben der Weltwirtschaftskrise, die 1932 zu blutigen Ausschreitungen in Auckland, der größten Stadt des Landes, geführt hatten, noch nicht verheilt. In Neuseeland gab es Armut, eine noch hohe Arbeitslosigkeit von 12%

akzeptiert und vom neuseeländischen Parlament erst nach Ende des Zweiten Weltkriegs bestätigt. Wirtschaftlich, politisch und kulturell war Neuseeland ganz auf das Mutterland ausgerichtet. Es diente ihm als ein Hauptlieferant von Agrargütern wie Fleisch und Wolle, während wiederum fast alle Industriegüter aus England importiert wurden. Die weiße Mehrheitsbevölkerung fühlte und dachte britisch, folgte dem Mutterland bereitwillig in zwei Weltkriege und ignorierte, mit Ausnahme Australiens, seine pazifischen Nachbarn.

und ungelöste ethnische Probleme mit den einheimischen Maori. Die Entwicklung zum Wohlfahrtsstaat und zu einer multikulturellen Gesellschaft hatte gerade erst begonnen.

Poppers idealisierte Wahrnehmung mochte auch mit seinem Aufenthaltsort zusammenhängen. Christchurch, die Hauptstadt der Provinz Canterbury und mit damals etwa 100 000 Einwohnern die größte Stadt der neuseeländischen Südinsel, war Mitte des 19. Jahrhunderts von anglikanischen Siedlern gegründet worden und hat bis heute ihren ausgesprochen englischen Charakter bewahrt. Neben der anglikanischen Kathedrale im Stadtzentrum gehörte das neugotische Gebäude des 1873 gegründeten Canterbury University College zu den markantesten Gebäuden der Stadt, die ansonsten eher die Atmosphäre eines kleinen kolonialen Landstädtchens hatte. In der fast ausschließlich von britischstämmigen Neuseeländern bewohnten und von bürgerlicher Lebenskultur geprägten Stadt waren die sozialen Konflikte des Landes weniger sichtbar als anderswo.

Die Poppers mieteten sich zunächst in einem Hotel ein und im Winter 1937 in einem Haus, das sie aber 1941 räumen mussten. Sie entschlossen sich nun auf Kreditbasis zum Kauf eines Holzhauses in Cashmere Hill, weit im Süden der Stadt. Es war eine wunderschöne Wohnlage, mit Blick über die Canterbury-Ebene auf die neuseeländischen Südalpen. Besonders für Hennie bedeutete der Kauf eine verbesserte Lebensqualität. Sie waren

26 Der Cathedral Square in Christchurch (1989)

von Vermietern unabhängig und hatten einen eigenen Garten zur Verfügung.

Christchurch bedeutete für Popper nicht nur ein unkompliziertes Exil ohne Visumanträge und bürokratische Demütigungen, sondern auch einen sozialen Aufstieg. Für den Hauptschullehrer war es die erste hauptamtliche Universitätsstelle. Das »University College of Canterbury« war Teil der »University of New Zealand«, die sich mit ihren verschiedenen Institutionen über die großen Städte des Landes verteilte. Mit den mitteleuropäischen, nach dem Humboldtschen Ideal der Einheit von Forschung und Lehre organisierten Universitäten ließ es sich jedoch nicht vergleichen. Zu Poppers Zeit hatten sich etwa 1100 Studenten dort eingeschrieben. Der Lehrbetrieb war verschult, die Abschlussarbeiten wurden nach England zur Korrektur geschickt. Die Bibliothek umfasste mit etwa 15 000 Bänden nicht viel mehr Bücher als die Privatbibliothek von Poppers Vater. Eine Forschungstradition gab es nicht.

Poppers Jahresgehalt betrug, wie das der meisten Dozenten, 500 neuseeländische Pfund im Jahr. Später wurde es auf 650 Pfund aufgestockt. Er betrachtete dies nie als ausreichend. Doch das war nur ein Teil des Konflikts, der seine Tätigkeit am »Canterbury College« überschattete. Er gehörte zum Mittelbau und war damit dem Leiter des Instituts untergeordnet. Dies war I. G. L. Sutherland (1897–1952), ein Neuseeländer, der in Glasgow zum Anthropologen ausgebildet worden war und die Professur einnahm, auf die Popper sich ebenfalls beworben hatte. Sutherland empfing Popper zunächst sehr freundlich. Er überließ ihm die gesamte Lehre im Fachgebiet Philosophie, was Popper

Als ich Neuseeland verließ, setzte der Rektor der dortigen Universität eine gründliche Untersuchung über den Stand der Forschung in Gang. Als Ergebnis hielt er eine vorzügliche Rede, in der er die Universität wegen Vernachlässigung der Forschung scharf kritisierte. Aber kaum jemand wird annehmen, daß diese Rede zur Begründung einer wissenschaftlichen Forschungstradition geführt hat ...

Popper über die mangelnde Forschungstradition in Neuseeland (VuW 177)

aber eher als Bürde empfand. Er war damit der einzige wirkliche Philosoph am »College« mit einem Wochendeputat von 12 Stunden. In der Folge entwickelte sich die Beziehung zu Sutherland zu einer offenen Konfrontation. Dieser sah es mit Misstrauen, wenn Popper seine Zeit eigenen Forschungen widmete. Er ließ ihn in späteren Jahren sogar für das Papier bezahlen, das Hennie benötigte, um Poppers Manuskripte abzutippen. Popper betrieb innerhalb der Universität mit anderen Kollegen eine Reform, die die lernorientierte Institution stärker der Forschung öffnen sollte. In die Annalen der Universität ist er als eine herausragende Gestalt eingegangen, deren Wirkung die aller anderen Dozenten übertraf. Popper brachte frischen Wind in die Lehre des »College« und animierte auch viele seiner Kollegen. Sutherland entwickelte jedoch ein Ressentiment gegen den Ausländer, der die Einheimischen belehren wollte. Obwohl Popper sich in Neuseeland als britischer Musterpatriot präsentierte, streute Sutherland während des Krieges Gerüchte über seine politische Unzuverlässigkeit aus. Für Popper war dies nicht ganz ungefährlich, da er wegen seiner Herkunft als »enemy alien«, also als »feindlicher Ausländer« geführt wurde und deshalb immer mit seiner Ausweisung rechnen musste. So wurde er zunehmend von dem Gefühl

beherrscht, man benachteilige ihn absichtlich und wolle ihn aus dem Land treiben.

Doch die Schuld für diesen Konflikt lag nicht bei Sutherland allein. Popper war ein charismatischer und beliebter Lehrer, der Studenten wie Kollegen beeindruckte. Er konnte es aber nie verwinden, einem fachlich minder kompetenten Mann untergeordnet zu sein. In der ihm eigenen unverblümten Art zeigte er dies ebenso offen wie seine geringe Wertschätzung des neuseeländischen Bildungssystems. Er bediente damit den damals in Neuseeland vorherrschenden »cultural cringe«, den kulturellen Minderwertigkeitskomplex gegenüber Europäern und insbesondere Briten. Popper fehlte es an Fingerspitzengefühl. Sein bekannt forsch-aggressives Auftreten wurde in einem britisch geprägten Sozialkontext als besonders unangenehm empfunden. Charakteristisch ist dabei eine Bemerkung Sutherlands, dass sich Popper so verhalte wie ein Brite oder Neuseeländer es niemals tun würde.

Zu Poppers engsten Kontakten an der Universität gehörten u. a. der junge Ökonom Colin Simkin und Otto Fraenkel, ein aus Deutschland emigrierter Botaniker, sowie Margaret Dalziel, eine Sprachstudentin und spätere Assistentin am »College«, die ihm half, sein Englisch aufzupolieren. Enge Kontakte gab es auch zu John Findlay, der Philosophie in Dunedin lehrte, der Hauptstadt der südlich benachbarten Provinz Otago und Sitz der zweiten Universität auf der Südinsel. Sehr persönlich und langfristig entwickelte sich die Beziehung zu dem Neurophysiologen John C. Eccles (1903–1997), der allerdings erst im Januar 1944, aus England kommend, seine Stelle an der Universität Dunedin

27 Die Aussicht aus Poppers Wohnung in Cashmere Hill über die Canterbury Ebene

28 John C. Eccles

antrat. Findlay und Eccles luden Popper auch zu Gastvorträgen nach Dunedin ein.

In Neuseeland bildete sich das Muster der Popperschen Lebensführung heraus. Es war ein Leben der Arbeit, mit minimaler Ablenkung und ganz auf die Lösung philosophischer Probleme konzentriert. In der philosophischen Auseinandersetzung konnte Popper die Umwelt komplett vergessen. Eccles berichtet von einem Treffen mit Popper in Christchurch, wo er ihn auf dem Weg von Dunedin zu einer Konferenz in Wellington traf. In Christchurch holte ihn Popper vom Bahnhof ab und brachte ihn zum Hafen nach Lyttleton, wo Eccles auf das Schiff umstieg. Man diskutierte den ganzen Weg, bis das Schiff ablegte und außer Hörweite war. Als Eccles zwei Tage später wieder in Lyttleton anlegte, stand Popper bereits am Kai und nahm den Faden der Diskussion nahtlos auf, bis Eccles den Zug nach Dunedin bestieg.

Doch entgegen seinen späteren Äußerungen hat Popper seine neuseeländischen Lebensumstände nicht als glücklich empfunden. Von gelegentlichen Exkursionen in die Berge abgesehen, lebten die Poppers zurückgezogen. Hennie hatte Heimweh nach Wien. Nach Kriegsausbruch litt sie unter Anfeindungen gegenüber Deutschen, zu denen sie als Ös-

Ich kam in Neuseeland im Januar 1944 an, um meine Ernennung als Professor für Physiologie an der Universität von Otago in Dunedin anzutreten ... Ich hatte von meinem Kollegen, Norm Edson, Professor für Biochemie, wunderbare Geschichten über den akademischen Wirbel gehört, den ein Philosoph, Karl Popper, am Canterbury University College von Christchurch verursachte, etwa 250 Meilen nördlich ... Ich bekehrte mich sofort zu der Popperschen Botschaft, dass man in der Wissenschaft zuerst

terreicher auch gezählt wurden. Besonders die Klagen über die finanzielle Situation ziehen sich durch die gesamten neuseeländischen Jahre. In Briefen an Gombrich schrieb Popper, dass ihm gerade einmal 2 Pfund und 12 Schillinge pro Woche zum täglichen Bedarf blieben. Die Lebenshaltung verteuerte sich während des Kriegs, und Popper gab eine Menge für Porto und Telegramme nach Europa und in die USA aus. Die Poppers ernährten sich meist von den Erträgen aus ihrem Garten. Bücher waren Luxus und konnten nicht angeschafft werden. Carnap und andere Bekannte schickten gelegentlich Bücher oder Exemplare der Zeitschrift ›Erkenntnis‹. Während des Kriegs wurden Papierzuteilungen rationiert, so dass auch das Schreiben selbst für Popper mit Alltagsmühen verbunden war. Statt des geliebten Klaviers kaufte er sich ein Harmonium, um die gewohnte Praxis des Musizierens fortsetzen zu können. Um Kosten zu sparen, zimmerte er einige der Möbel für ihr neues Haus in Cashmere selbst. Hennie versuchte das Gehalt aufzubessern, indem sie Privatstunden in Deutsch gab.

Doch auch die Gründe für die finanzielle Misere lagen nicht ausschließlich in äußeren Umständen. Der finanzielle Rahmen war knapp, doch nicht knapper als der, mit dem sich der durchschnittliche Neuseeländer einrichten musste. Die Poppers hatten sich mit dem Hauskauf finanziell übernommen. Die Zahlung der Raten belief sich allein auf ein Drittel des Jahresgehalts. Für seine Frau schloss Popper zudem eine kostspielige Lebensversicherung ab, da er fürchtete, sie würde im Falle seines Todes mittellos dastehen. Zwischen 1937 und 1942 leistete er sich zudem ein Auto, während seine Kollegen mit dem Fahrrad vorlieb nahmen.

---

ein Problem definieren muss. Als Nächstes entstand die kreative Aufgabe, hypothetische Lösungen zu entwerfen. Schließlich kamen die Versuche, diese vorgeschlagenen Lösungen durch ausgesuchte Experimente zu testen, d. h. den Versuch zu unternehmen, sie zu falsifizieren. Ich stand voll hinter der vernichtenden Attacke Poppers gegen die induktive Methode in der Wissenschaft, an die ich bis dahin naiverweise geglaubt hatte.

J. C. Eccles, ›My Living Dialogue with Popper‹ (1982, Übers. v. Verf.)

Ab 1938 überschatteten allerdings die Entwicklungen in Europa die persönliche Lage. Im März marschierten Hitlers Truppen in Österreich ein, begleitet von den bekannten Jubelszenen auf dem Wiener Heldenplatz. Von diesem Zeitpunkt an erreichten Popper ständig Hilferufe von Verwandten und Bekannten, die dem Nazi-Terror entkommen wollten. Im Mai starb seine Mutter, seine Schwester Annie floh ohne Pass nach Paris und fand später Aufnahme in der Schweiz. Seine Tante Hellie wurde in Theresienstadt umgebracht, sein Vetter Georg Schiff verschwand in den Folterkellern der Gestapo. Insgesamt 16 Familienangehörige wurden Opfer des Nazismus. Mit seinem Kollegen Fraenkel gründete Popper eine Hilfsorganisation für Flüchtlinge. Bis zum Ausbruch des Kriegs konnten sie immerhin für etwa 40 Flüchtlinge eine Einreiseerlaubnis erwirken. Als der Krieg ausbrach, meldete sich Popper als Freiwilliger zur neuseeländischen Armee, wurde aber abgelehnt.

Als es kaum noch möglich war, praktisch etwas für Flüchtlinge zu tun, wandte sich Popper seinem eigentlichen Kampfterrain zu, der Philosophie. Er machte sich daran, sich mit den ideologischen Traditionen auseinander zu setzen, auf die sich die totalitäre Barbarei stützte. Hatte er sich im ersten Jahr seines Neuseeland-Aufenthalts noch mit Problemen der Logik und Wahrscheinlichkeitstheorie befasst, so sah er jetzt die Notwendigkeit, sich Problemen der Sozialphilosophie und der politi-

29 »Anschluss« Österreichs an das deutsche Reich. Hakenkreuzfahnen in einer Straße an der Hofburg (März 1938)

schen Philosophie zuzuwenden. Nicht die Neigung, sondern die Umstände machten Popper zum politischen Philosophen. Mit der Annexion seiner österreichischen Heimat durch Hitler hatte die totalitäre Bedrohung für Popper eine ganz persönliche Dimension erhalten, auch wenn er sich viele tausend Kilometer entfernt im Exil befand.

Es war nicht nur die ›Offene Gesellschaft‹, die in Neuseeland als Antwort auf Hitler und Stalin in einer Zeit entstand, in der die politischen Ideale der Aufklärung und des Liberalismus in extremem Maße gefährdet schienen. Von 1938 an unterzog Popper in mehreren Schriften die philosophischen Väter des Totalitarismus, die »orakelnden Philosophen«, einer umfassenden Kritik. Zu dieser Kritik gehören auch die beiden Essays ›Was ist Dialektik?‹ und ›Das Elend des Historizismus‹. Alle drei Schriften entstanden zeitlich und inhaltlich in einem engen Zusammenhang.

Angriff auf die orakelnden Philosophen

Popper beginnt seine Kritik auf dem ihm vertrautesten Terrain: dem der wissenschaftlichen Methode. In dem Dialektik-Essay attackiert er das Herzstück der Hegelschen und Marxschen Philosophie, die dialektische Methode. In der Historizismus-Schrift untersucht er die Möglichkeit historischer und sozialwissenschaftlicher Prognosen. Doch Popper betreibt in beiden Schriften keine reine Methodenkritik, sondern kritisiert auch die politischen Konsequenzen einer pseudowissenschaftlichen Sozialphilosophie.

›Was ist Dialektik?‹ war Poppers erste größere Arbeit in englischer Sprache. Über die Probleme, englisch zu schrei-

> Als ich dort im März 1938 von Hitlers Einmarsch in Österreich erfuhr, entschloß ich mich, meine Kritik des Faschismus und des Marxismus, also mein Buch ›Die Offene Gesellschaft und ihre Feinde‹, zu veröffentlichen.
>
> *Popper über seine Reaktion auf den Einmarsch Hitlers in Österreich (RoR 10)*

ben, hat er sich später geäußert: »Mein deutscher Stil, in dem ich die ›Logik der Forschung‹ geschrieben hatte, war verhältnismäßig klar und leicht – für deutsche Leser; ich entdeckte jedoch, daß im Englischen völlig andere Anforderungen an den Autor und an die Klarheit seines Stils gestellt werden, und weit höhere als im Deutschen. Ein deutscher Leser nimmt zum Beispiel keinen Anstoß an vielsilbigen Wörtern. Im Englischen mußte ich lernen, ihnen gegenüber empfindlich zu werden. Wenn man aber noch kämpfen muß, um die einfachsten Fehler zu vermeiden, dann liegen solche höheren Ziele, auch wenn man sie für richtig hält, in weiter Ferne.« (A 161) Im Laufe der Jahre hat Popper sich die englische Sprache als Werkzeug der philosophischen Darstellung souverän angeeignet.

Die Entstehungszeit des Dialektik-Aufsatzes liegt zwischen der zweiten Hälfte des Jahres 1938 und dem Frühjahr 1939. Popper trug ihn in seinem Seminar am Canterbury College vor und konnte ihn 1940, nach mehreren vergeblichen Versuchen, in der von Moore herausgegebenen renommierten Zeitschrift ›Mind‹ veröffentlichen.

›Was ist Dialektik?‹

In ›Was ist Dialektik?‹ versucht Popper, den Nachweis zu führen, dass die Hegel-Marxsche Konzeption von Dialektik zur Zerstörung von Logik und Wissenschaft führt. Das von Kant in der ›Kritik der reinen Vernunft‹ entwickelte Verständnis von »transzendentaler Dialektik« ließ die Geltung der Logik noch unangetastet. Die »transzendentale Dialektik« besteht in einer Kritik der klassischen Metaphysik, die zeigt, wie die spekulative Vernunft zu gleich gut begründeten Thesen und Antithesen gelangt und sich dadurch in Widersprüche (»Antinomien«) verwickelt. Mit seinem System des »transzendentalen Idealismus« beanspruchte Kant, diese Widersprüche aufzulösen. Den Sündenfall im Verständnis der Dialektik beging dann Hegel, als er der Dialektik einen Vorrang vor der Logik einräumte. Die Welt ist nach Hegel die Erscheinung einer göttlichen Vernunft (»Weltgeist«), die sich im Laufe einer »dialektischen« Entwicklung stufenweise realisiert. Auf jeder Stufe der Weltentwicklung gibt es einen »dialektischen Widerspruch« zwischen einer These und einer Antithese, der schließlich in einer Synthese überwunden wird, indem die nicht bewahrenswerten Elemente von These und Antithese ausgeschieden, ihre bewahrenswerten Elemente dagegen übernommen und auf eine höhere Stufe gehoben werden. Karl Marx nun, der einflussreichste Schüler Hegels, übernahm diese Konzeption von Dialektik als »widerspruchsvoller« Entwicklung der Wirklichkeit, deutete sie aber materialistisch. Bei Marx sind es die »ökonomischen Widersprüche«, die die Entwicklung der Gesellschaft bis zur Entstehung einer klassenlosen Gesellschaft dialektisch vorantreiben.

Die Weltgeschichte ist der Fortschritt im Bewußtsein der Freiheit – ein Fortschritt, den wir in seiner Notwendigkeit zu erkennen haben. *G. W. F. Hegel, ›Vorlesungen über die Philosophie der Geschichte‹*

Nach Popper ist die Hegel-Marxsche Dialektik mit elementaren Prinzipien der Logik unvereinbar. Er kritisiert, dass die Dialektik, indem sie These und Antithese in Form eines »dialektischen Widerspruchs« zugleich gelten lässt, zur Preisgabe des Satzes vom Widerspruch führt. Wenn jedoch zwei sich widersprechende Sätze zugleich wahr sein können, dann gibt es keine Möglichkeit mehr, zwischen wahren und falschen Aussagen überhaupt zu unterscheiden. Nicht Fortschritt und Entwicklung, sondern völlige Beliebigkeit und Chaos von Aussagen und Theorien sind die Folgen.

Die Hegel-Marxsche Dialektik bedeutet daher nach Popper in Wahrheit das Gegenteil von Wissenschaftlichkeit, nämlich Dogmatismus. Indem sie Gegenargumente selbst wiederum als Beispiel für »Widersprüche« im Sinne der Dialektik interpretiert, macht sie sich gegen jede Art von Kritik unangreifbar. Für Popper ist es daher auch kein Zufall, dass die Hegel-Marxsche Dialektik in der Politik jener totalitären Regime, die sich auf den Marxismus beriefen, die Funktion einer Legitimationsstrategie übernahm: Jede beliebige politische und gesellschaftliche Situation konnte mit dem Hinweis auf die »dialektische« Entwicklung erklärt und jede politische Maßnahme damit gerechtfertigt werden.

30 G. W. F. Hegel

Die zweite Attacke auf die Tradition des Hegel-Marxschen Denkens, ›Das Elend des Historizismus‹, war eine Ausarbeitung jenes Vortrags, den Popper 1936 in Hayeks Seminar in London gehalten hatte. In Neuseeland entstand dann eine erste englische Fassung, die Ende 1938 abgeschlossen war. Die Schrift erlebte aber in den darauf folgenden Jahren mehrere Überarbeitungen. Eine Publikation wurde zunächst von ›Mind‹ abgelehnt; 1944 erschien eine erste Version, durch Hayek vermittelt, in ›Economica‹, der Hauszeitschrift der London School of Economics. Die 1957 in Buchform erschienene Version beruhte auf erneuten Veränderungen.

Poppers Ziel war es, den Nachweis zu führen, dass der Anspruch, einen gesetzmäßigen Verlauf der Geschichte aufzuzeigen, wissenschaftlich unhaltbar war. Daraus folgte auch, dass eine »utopische soziale Planung großen Stils«, d.h. eine Politik, die auf einem Gesamtentwurf einer idealen Gesellschaft basiert, einer rationalen Grundlage entbehrt. Poppers Schrift ist damit auch ein Generalangriff auf die Tradition der Sozialutopien, von Platons ›Staat‹ über die Renaissanceutopien eines Campanella oder Thomas Morus bis hin zur marxistischen Utopie einer klassenlosen Gesellschaft.

Die Historizismus-Schrift war nicht nur eines der schwersten Geschütze, das im 20. Jahrhundert gegen die Geschichtsphilosophie in der Tradition von Hegel und Marx aufgefahren wurde. Sie markiert auch den Beginn von Poppers Demokratietheorie.

›Das Elend des Historizismus‹
Wie auch im Falle seiner Schrift ›Die beiden Grundprobleme der Erkenntnistheorie‹ enthält der Titel ›Das Elend des Historizismus‹ eine philosophiehistorische, oft nicht wahrgenommene Anspielung: Wie Marx sein Pamphlet ›Das Elend der Philosophie‹ (1847) als ironische Replik auf ›Die Philosophie des Elends‹ (1846) des Frühsozialisten Pierre-Joseph Proudhon verstand, so bezieht sich Popper mit seinem Titel wiederum auf Marx.

»Historizismus« ist ein Begriff, den Popper selbst geprägt und in abwertender Absicht verwendet hat. Er meint damit eine Art der Erklärung der sozialen Wirklichkeit, die sich auf eine deterministische Deutung der Geschichte stützt: Weil sich die Geschichte wie nach einem Naturgesetz in einer festen Abfolge von Stufen auf ein vorherbestimmtes Endziel hinbewegt, lässt sich jedes einzelne soziale Phänomen durch seine Einordnung in das große Entwicklungsgesetz erklären. Der »Kardinalfehler« des Historizismus besteht nun darin, gesellschaftliche Trends als absolute Entwicklungsgesetze zu deuten, aus denen Prophezeiungen für die zukünftige gesellschaftliche Entwicklung abzuleiten seien. Entsprechend befürwortet er eine Sozialplanung, für die nicht die Lösung einzelner Probleme im Vordergrund steht, sondern die Umgestaltung der gesellschaftlichen Gesamtstruktur nach dem Bild einer idealen Gesellschaft, auf die die Geschichte gesetzmäßig zuläuft. Historizistisches und utopisches Denken sind nach Popper die beiden unheiligen Schwestern der politischen Philosophie.

31 Karl Marx (1818–1883)

Für Popper ist es irreführend, von einer Geschichte als Ganzheit überhaupt zu sprechen. Die Weltgeschichte insgesamt hat für ihn keinen Sinn. Sinnvoll lässt sich allenfalls von einzelnen Aspekten der Menschheitsgeschichte reden, von einer »unbegrenzten Anzahl von Geschichten« (OG II 334). Damit formuliert Popper eine Kritik der klassischen Geschichtsphilosophie, wie sie in den 60er-Jahren durch Arthur C. Dantos ›Analytische Philosophie der Geschichte‹ wiederholt wurde.

Damit kann die Geschichte auch nicht als Grundlage einer Politikplanung im großen Stil dienen. Als Alternative zu einer utopischen Sozialplanung schlägt Popper eine so genannte »Stückwerk-Technologie« vor. Sie folgt nicht einem ausgemalten Gesellschaftsideal, sondern einer »Logik der Situationen«. Statt als Utopist sollte sich der Politiker als »Stückwerk-Ingenieur« fühlen, der konkrete Missstände analysiert und versucht, sie in kleinen Schritten zu beheben, ohne die möglichen Nebenfolgen aus dem Auge zu verlieren. Popper hat damit das sokratische Nichtwissen, das seiner Wissenschaftstheorie zugrunde liegt, auf das Feld der Gesellschaftspolitik übertragen: An die Stelle des allwissenden Gesamtplaners tritt der Sozialreformer, der nach dem Prinzip »Versuch und Irrtum« vorgeht.

Doch Poppers ausführlichste Abrechnung mit den »orakelnden Philosophen« erfolgte in seinem sozialphilosophischen Hauptwerk ›Die Offene Gesellschaft und ihre Feinde‹, das im selben Zeitraum, zwischen 1939 und 1943, entstand. Aus der Kritik der Hegelschen und Marxschen Geschichtsphilosophie sowie aus der Kritik der Dialektik als sozialwissenschaftlicher Methode entwickelte sich eine umfangreiche Studie, die mit dem Anspruch auftrat, die philosophischen Wurzeln des Totalitarismus offen zu legen und das Gegenbild einer »offenen« Gesellschaft zu entwerfen. Dieses Werk entstand dadurch, dass Poppers Konzeption und Materialsammlung den Rahmen der Historizismus-Schrift sprengte.

›Die Offene Gesellschaft und ihre Feinde‹ ist kein akademisches Buch, kein Beitrag zu einem Diskurs zwischen Universitätsprofessoren. Sie ist als philosophische Streitschrift Teil eines Konflikts, der auch politisch und militärisch ausgefochten wurde. Aus dieser besonderen historischen Situation erklären sich sowohl die polemischen Überspitzungen des Buches als auch die Neigung, die diskutierten Positionen einem politischen und philosophischen Lager zuzuordnen. Popper rechnet hier mit einer besonders in Deutschland populären staatsphilosophischen Tradition ab, in der sich, wie z. B. in Fichtes ›Geschlossenem Handelsstaat‹, eine autoritäre Staatskonzeption mit nationalistischen und militaristischen Ideologien verbindet.

Zu den philosophischen Vätern einer solchen »geschlossenen« Gesellschaft gehörten für ihn nicht nur Hegel und Marx, sondern auch Platon (427–347 v. Chr.). Alle drei treffen sich nach Popper im historizistischen Denken und der

---

Während ich mit der systematischen Analyse und der Kritik der Ansprüche des Historizismus beschäftigt war, versuchte ich auch, Material zur Illustration seiner Entwicklung zu sammeln. Die Aufzeichnungen, die ich für diesen Zweck sammelte, wurden die Grundlage dieses Buches.

Popper zur Entstehung der ›Offenen Gesellschaft‹ (OG I 24)

Befürwortung einer utopischen Sozialplanung. Sie vertreten die Rückkehr zu einem archaischen Stammesdenken, in dem das Individuum verachtet wird und der »Fremde« als Feind gilt, sowie zu einer Geschichtsauffassung, in der die Macht des Durchsetzungsfähigen mit Recht identifiziert wird. Aus Unzufriedenheit mit der Gegenwart stellen sie das Ideal einer vollkommenen Welt auf, die angeblich die geschichtliche Notwendigkeit auf ihrer Seite hat. Anstelle des Individuums wird das Schicksal im Kleid der historischen Gesetzmäßigkeit zum wahren politischen Akteur. Die Interessen des Staates haben gegenüber dem Individuum immer Vorrang und werden von einer auserwählten Elite vertreten: Als wahre Instrumente des Schicksals übernehmen sie die Führerrolle. Hitler und Stalin, so Popper, stehen auf den philosophischen Schultern von Hegel, Marx und Platon.

32 Platon

Dabei setzt Popper in der Kritik seiner drei philosophischen Kontrahenten durchaus unterschiedliche Akzente. So ist sein Verhältnis zu Platon, dem der gesamte erste Band gewidmet ist, tief greifend ambivalent. Kaum einer der Kritiker Poppers hat wahrgenommen, dass er Platon hier als »größten Philosophen aller Zeiten« (OG I 141) bezeichnet.

Ich habe geschrieben, daß Platon der größte und gedankenreichste Philosoph war, den es je gegeben hat, aber daß seine Ethik mir grauenhaft vorkäme ... Ich glaube, daß das Wort ›Zauber‹ hier wichtig ist. Er war ein Zauberer, nicht wie Hitler, aber wie halt doch einige begabte, für mich aber moralisch unakzeptable Menschen.

Popper in einem Interview
in den 80er-Jahren über Platon (NW 47 f.)

33 Arthur Schopenhauer

Platon war für Popper der große Visionär, der die Menschen mit einem Entwurf der menschlichen Gesellschaft verführt, ein Entwurf, der in Wahrheit aber menschenverachtende Tendenzen hat. Im Untertitel des ersten Bandes, »Der Zauber Platons«, kommt diese zwiespältige Haltung treffend zum Ausdruck.

Auch Marx ist für Popper nicht nur Objekt der Kritik. Zur Zeit der Abfassung der ›Offenen Gesellschaft‹ sah er in ihm immer noch den ehrlichen Verfechter eines humanitären Ziels, der sozialen Gerechtigkeit. Doch seine humanitäre Ethik werde überlagert durch die verhängnisvolle Übernahme Hegelscher Ideen, insbesondere der Lehre von der Dialektik und der gesetzmäßigen Notwendigkeit des Geschichtsverlaufs.

Das negativste Urteil fällt Popper über Hegel. Kein Philosoph seit Arthur Schopenhauer (1788–1860), der Hegel als »Scharlatan« und »Unsinnschmierer« bezeichnet hatte, hat Hegel derartig abgewertet wie Popper. Poppers Kritik richtet sich sowohl gegen die Methode der Dialektik als auch gegen Hegels jargonhafte Sprache und gegen den von Popper attestierten Opportunismus gegenüber dem preußischen Obrigkeitsstaat. Hegel war ein »logischer Hexenmeister«, der »mit Hilfe seiner zauberkräftigen Dialektik

Die Deutschen sind gewohnt, Worte statt der Begriffe hinzunehmen: dazu werden sie, von Jugend auf, durch uns dressiert – sieh nur die Hegelei, was ist sie anderes, als leerer, hohler, dazu ekelhafter Wortkram?

... Will dich Verzagtheit anwandeln, so denke nur immer daran, daß wir in Deutschland sind, wo man gekonnt hat, was nirgend anderswo möglich gewesen wäre, nämlich einen geistlosen, unwissenden, Unsinn schmierenden, die Köpfe, durch bei-

wirkliche, physische Kaninchen aus rein metaphysischen Zylindern« (OG II 36) hervorzog.

Platon hat vor allem durch seine »Ideenlehre«, als Vater des Idealismus, die europäische Philosophiegeschichte geprägt. Die Vorstellung einer wahren, unvergänglichen Welt der Ideen ist es auch, die Platon zu seiner Konzeption eines unveränderlichen gerechten Staates inspiriert. Die Gesetze dieses idealen Staates sind für ihn so unveränderlich wie Naturgesetze. Platon lehnt Veränderungen und Reform ab, weil er nur das Gleichbleibende, Stabile als gut und das Veränderliche als schlecht und degenerierend begreift.

Besonders fatal ist dieser Kult der Stabilität, wenn man sich Platons konkrete Staatskonzeption ansieht: Es ist ein streng hierarchisch gegliederter Staat mit einer herrschenden Kaste an der Spitze, die sich sogar durch ein biologisches Züchtungsprogramm perpetuiert. Zwischen den drei Kasten, den Herrschern, Wächtern und der arbeitenden Bevölkerung gibt es keine Mobilität. Auch Sklaven gehören für Platon zur natürlichen politischen Ordnung.

Gerechtigkeit heißt für Platon nicht: Jeder hat gleiche Rechte, sondern: »Jedem das Seine«. Jeder hat sich von Geburt an in die Hierarchie einer unveränderlichen Staatsordnung einzufügen. Führerprinzip, Ungleichheit und totale Kontrolle des Individuums wie in Platons ›Staat‹ sind für Popper Merkmale einer totalitären Herrschaft. Insofern steht für ihn Platon am Beginn eines geistesgeschichtlichen »Aufstands gegen die Freiheit«.

Hegel ist für Popper das »missing link«, das Verbindungsstück zwischen Platon und den totalitären Ideologien des 20. Jahrhunderts. Auch Hegel teilt Platons Kult des

spiellos hohlen Wortkram, von Grund aus und auf immer desorganisierenden Philosophaster, ich meine unseren teuern Hegel, als einen großen Geist und tiefen Denker ausschreien: und nicht nur ungestraft und unverhöhnt hat man das gekonnt; sondern wahrhaftig, sie glauben es, glauben es seit 30 Jahren, bis auf den heutigen Tag.

Arthur Schopenhauer, ›Über die vierfache Wurzel des Satzes vom zureichenden Grunde‹ (2. Aufl. 1847)

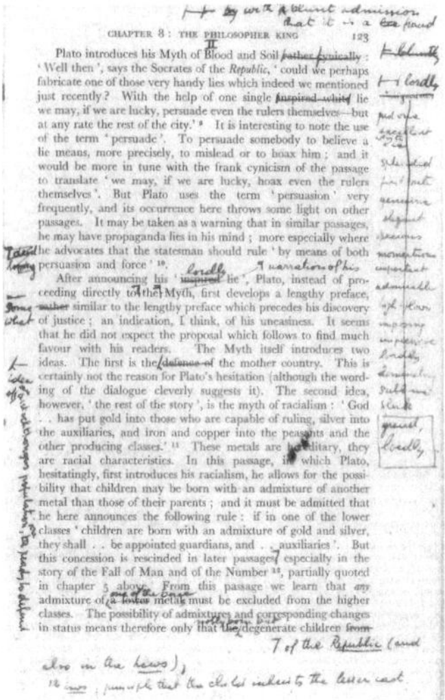

CHAPTER 8 : THE PHILOSOPHER KING 123

Plato introduces his Myth of Blood and Soil rather cynically : 'Well then', says the Socrates of the *Republic*, 'could we perhaps fabricate one of those very handy lies which indeed we mentioned just recently? With the help of one single inspired white lie we may, if we are lucky, persuade even the rulers themselves—but at any rate the rest of the city.' [9] It is interesting to note the use of the term 'persuade'. To persuade somebody to believe a lie means, more precisely, to mislead or to hoax him; and it would be more in tune with the frank cynicism of the passage to translate 'we may, if we are lucky, hoax even the rulers themselves'. But Plato uses the term 'persuasion' very frequently, and its occurrence here throws some light on other passages. It may be taken as a warning that in similar passages, he may have propaganda lies in his mind; more especially where he advocates that the statesman should rule 'by means of both persuasion and force' [10].

After announcing his 'inspired lie', Plato, instead of proceeding directly to the Myth, first develops a lengthy preface, rather similar to the lengthy preface which precedes his discovery of justice; an indication, I think, of his uneasiness. It seems that he did not expect the proposal which follows to find much favour with his readers. The Myth itself introduces two ideas. The first is the defence of the mother country. This is certainly not the reason for Plato's hesitation (although the wording of the dialogue cleverly suggests it). The second idea, however, 'the rest of the story', is the myth of racialism: 'God . . has put gold into those who are capable of ruling, silver into the auxiliaries, and iron and copper into the peasants and the other producing classes.' [11] These metals are hereditary, they are racial characteristics. In this passage, in which Plato, hesitatingly, first introduces his racialism, he allows for the possibility that children may be born with an admixture of another metal than those of their parents; and it must be admitted that he here announces the following rule: if in one of the lower classes 'children are born with an admixture of gold and silver, they shall . . be appointed guardians, and . . auxiliaries'. But this concession is rescinded in later passages especially in the story of the Fall of Man and of the Number [12], partially quoted in chapter 5 above. From this passage we learn that *any* admixture of a lower metal must be excluded from the higher classes. The possibility of admixtures and corresponding changes in status means therefore only that the degenerate children from

Staates, indem er den Staat als höchste Entwicklung menschlicher Selbstverwirklichung in der Geschichte betrachtet. Diese Entwicklung erfolgt nach einem notwendigen »dialektischen« Muster. Der dialektisch voranschreitende Weltgeist ist bei Hegel an die Stelle der religiösen Vorsehung getreten. Der Staat verlangt Unterordnung des Individuums und setzt sich im Krieg mit anderen Staaten geschichtlich durch. Hegel predigt damit, so Popper, eine Art Sozialdarwinismus auf der Ebene der Staaten und auf Kosten des Individuums.

Marx übernimmt die Hegelsche Dialektik und den Gedanken einer notwendigen geschichtlichen Entwicklung. In materialistischer Umkehr der Hegelschen Philosophie macht er daraus einen sozialen und ökonomischen Determinismus: Die Geschichte läuft, über die Zuspitzung der Klassengegensätze, im Kapitalismus zwangsläufig auf die soziale Revolution und die klassenlose Gesellschaft zu. Durch diese Verwechslung einer pseudowissenschaftlichen Prophetie mit einer wissenschaftlichen Prognose wird Marx das wirkungsvollste Beispiel für das »Elend des Historizismus«.

34 ›Die offene Gesellschaft und ihre Feinde‹ mit handschriftlichen Korrekturen

Popper attackiert die Marxsche Geschichtsprophetie in allen ihren wichtigen Argumentationsschritten. Stimmt die »Verelendungstheorie«, die These vom zunehmenden Reichtum der Herrschenden und von der zunehmenden Armut des Proletariats durch Anstieg der Produktivität und Akkumulation der Produktionsmittel? Folgt daraus wirklich unvermeidlich die soziale Revolution? Und führt diese wirklich zum Sieg des Proletariats und schließlich zur klassenlosen Gesellschaft?

Popper verneint all diese Fragen. So gibt es, wie die tatsächliche Entwicklung gezeigt hat, keinen zwingenden Zusammenhang zwischen der Kapitalakkumulation und einer zunehmenden Verelendung der Mehrheit der Bevölkerung. Vielmehr ist es gelungen, durch gesteigerte Arbeitsproduktivität das Elend beträchtlich zu verringern. Auch hat sich die Klassenstruktur in den kapitalistischen Ländern keineswegs vereinfacht, sondern differenziert, und das eigentliche Proletariat hat zunehmend an Bedeutung verloren. Aber selbst wenn eine soziale Revolution im Sinne von Marx stattfinden würde, so Popper, wäre damit noch keineswegs notwendigerweise die Klassenstruktur der Gesellschaft grundsätzlich aufgehoben. Neue Gegensätze innerhalb des siegreichen Proletariats könnten zu einer neuen Klassengesellschaft führen.

Was von Marx' ursprünglich humanitären Absichten übrig blieb, so Poppers vernichtendes Fazit, ist »die orakelnde Philosophie Hegels, die in ihren marxistischen Verkleidungen noch immer den Kampf für die offene Gesellschaft zu lähmen droht«. (OG II 242)

Indem wir die allgemeinsten Phasen der Entwicklung des Proletariats zeichneten, verfolgten wir den mehr oder minder versteckten Bürgerkrieg innerhalb der bestehenden Gesellschaft bis zu dem Punkt, wo er in eine offene Revolution ausbricht und durch den gewaltsamen Sturz der Bourgeoisie das Proletariat seine Herrschaft begründet.

Karl Marx/Friedrich Engels,
›Manifest der Kommunistischen Partei‹ (1848)

Eine Sozialphilosophie für Jedermann

»Eine Sozialphilosophie für Jedermann« war einer der Titel, die Popper für die ›Offene Gesellschaft‹ vor der Publikation in Erwägung zog. Nicht nur diese Überlegung ist ein Indiz dafür, dass das Buch mehr ist als eine Kritik des Totalitarismus. Es enthält auch Poppers Philosophie der Demokratie als eines sich selbst durch Kritik korrigierenden Systems, seine Theorie einer Gesellschaft, die Humanität an der konkreten Freiheit und dem Wohl der Bürger misst. Der später fallen gelassene Titel verweist auch auf den antiautoritären Anspruch des Buches: Adressat ist nicht der Fachphilosoph, sondern der mündige Bürger. Dabei sind die theoretischen Schlüsselbegriffe der Schrift denen seiner Erkenntnis- und Wissenschaftstheorie analog: Kritik, Offenheit gegenüber neuen Problemlösungsversuchen und »Versuch und Irrtum« als empirisches Testverfahren.

Gegen Platon, Hegel und Marx rehabilitiert Popper die Traditionen der vorsokratischen Sophistik und der Aufklärung des 18. Jahrhunderts. Gerade Platon war dafür verantwortlich, dass die Sophisten als Wortverdreher und Feinde der Gerechtigkeit denunziert wurden. Doch hinter Platons Kritik an den Sophisten standen nach Meinung Poppers offensichtliche politische Interessen. Platon selbst war ein ausgewiesener Konservativer und stammte aus dem alten Athener Adel. Die sophistische Bewegung war demgegenüber eine Aufklärungsbewegung, die den Herrschaftsanspruch der athenischen Aristokraten infrage stellte und u. a. die These vertrat, dass Herrschaft nicht durch sich selbst oder die Tradition legitimiert sei.

Aus der **sophistischen Aufklärung** gingen einige der bedeutendsten Vertreter der von Popper so genannten »Großen Generation« hervor, die in der zweiten Hälfte des fünften vorchristlichen Jahrhunderts in Athen lebte und zu der u. a. Perikles, der Sophist Protagoras, der Materialist Demokrit, der Historiker Herodot, aber auch Sokrates und sein Schüler Antisthenes, der Begründer der Schule der Kyniker, gehörten. Ihre Ausrichtung war humanistisch, universalistisch und individualistisch. In den Zusammenhang dieser

Ebenso wie er die athenischen Demokraten gegenüber Platon rehabilitiert, so setzt Popper Kant als Aufklärer und Verteidiger der Freiheit in Gegensatz zu Hegel und Marx. Auch hier nimmt er eine eigene philosophiegeschichtliche Bewertung vor. Der kritische Aufklärer Kant gehört für Popper nicht in den Zusammenhang der Spekulationen des Deutschen Idealismus, vertreten durch Fichte, Schelling und besonders Hegel, sondern steht vielmehr in einem Gegensatz zu ihr. Kant als politischer Philosoph ist für Popper ein Verfechter der Autonomie, der Verantwortung des Individuums und einer durch die Vernunft verbürgten Einheit der Menschen. Diese im Begriff »Humanität« angesprochene Einheit muss nach Popper die archaischen Konzepte des »Stammes« und der »Nation« ablösen. Nicht zufällig widmete Popper die deutsche Ausgabe der ›Offenen Gesellschaft‹ Kant als dem »Philosophen der Freiheit und Menschlichkeit«.

Es ist diese Tradition kritischer Vernunft und individueller Freiheit, auf die sich Poppers politische Philosophie stützt und die er dem »Aufstand gegen die Vernunft« bei Platon, Hegel und Marx entgegensetzt. Die ›Offene Gesellschaft‹ lässt sich als aufklärerisches, liberales Gegenstück zu Georg Lukács' (1885–1971) marxistischer ›Zerstörung der Vernunft‹ (1954) lesen. Nicht Hegel und Marx, sondern Kant ist für ihn der Bewahrer der Vernunfttradition.

Zwei Begriffe, die Poppers Philosophie insgesamt in den nachfolgenden Jahrzehnten schlagwortartig charakterisieren sollten, »Kritischer Rationalismus« und »Offene Gesellschaft«, finden hier erstmalige Anwendung. Der Begriff der »Offenen Gesellschaft«, der aus der Lebensphilosophie

---

»Großen Generation« stellt Popper auch Sokrates, den er, anders als die traditionelle Philosophiegeschichtsschreibung, in einem Gegensatz zu Platon sieht. Die Verteidigungsrede des Sokrates gegenüber seinen Athener Richtern, die in Platons ›Apologie‹ überliefert ist und in der die individuelle Freiheit gegenüber dem Staat behauptet wird, bezeichnete er als das »schönste philosophische Buch ... das ich kenne«. (NW 48)

35 René Descartes

Henri Bergsons (1859–1941) stammt, wird bei Popper mit einem zugleich liberalen und sozialstaatlichen Demokratieverständnis verknüpft.

Der von Popper beanspruchte »Kritische Rationalismus« ist nicht mit der klassischen erkenntnistheoretischen Position des Rationalismus identisch, der, in der frühen Neuzeit durch René Descartes (1596–1650) begründet, erfahrungsunabhängige Vernunftwahrheiten annahm. Poppers Kritischer Rationalismus geht über eine erkenntnistheoretische Position hinaus und bezeichnet eine generelle philosophische Haltung. Sie ist verbunden mit einem Glauben an die Vernunft, der dazu führt, dass man sich gegenseitig auf Argumente und Erfahrungen einlässt, d.h. die Fehlbarkeit der eigenen Position grundsätzlich anerkennt. Eine bei allen Menschen vorausgesetzte Fähigkeit zur rationalen Auseinandersetzung beinhaltet für Popper auch das Prinzip der Unparteilichkeit und den Respekt vor der Autonomie des anderen. Der Glaube des Kritischen Rationalismus an die Vernunft »ist nicht nur ein Glauben an unsere eigene Vernunft, sondern auch – und dies sogar noch mehr – ein Glauben an die Vernunft der anderen«. (OG II 293) Er umfasst daher auch den Glauben an die Einheit der Menschen und mündet in die Forderung, auch die Gleichberechtigung der Menschen auf politischem Gebiet zu akzeptieren. In der Tradition der

Der Rationalismus ist also mit der Idee verbunden, daß der andere ein Recht hat, gehört zu werden und seine Argumente zu verteidigen. Das bedeutet, daß er die Anerkennung der Forderung nach Toleranz enthält, zumindest für alle jene, die selbst nicht intolerant sind. Man tötet keinen Menschen, wenn man gewöhnt ist, zuerst auf seine Argumente zu hören.

Popper über Rationalismus und Toleranz (OG II 293)

klassischen Aufklärung leitet Popper aus der Rationalität als Grundgedanken die Akzeptanz der Freiheit, Gleichheit und Brüderlichkeit der Menschen ab.

Die gesellschaftstheoretischen Folgerungen aus dem Kritischen Rationalismus entwickelt Popper in Analogie zu seiner Wissenschaftstheorie. An die Stelle einer »Logik der Forschung« tritt eine »Logik der Situationen«, an die Stelle der Kritik theoretischer Entwürfe und Hypothesen tritt eine Kritik politischer Institutionen, und an die Stelle des Verzichts auf endgültige Wahrheit tritt der Verzicht auf den utopischen Gesamtentwurf einer idealen Gesellschaft. Die Rolle der ständigen Fehlerkorrektur im Prozess der wissenschaftlichen Erkenntnis übernimmt die Reform oder »Sozialtechnik«, die in einer ständigen Beseitigung konkreter gesellschaftlicher Missstände besteht.

Wie der Wissenschaftler so muss sich auch der Sozialtechniker oder »Sozialingenieur« zunächst eines Problems, also eines Missstands vergewissern, Hypothesen über seine Beseitigung entwerfen und diese in der Praxis mithilfe von »Versuch und Irrtum« testen. Politik wird damit aber kein reines »Durchwursteln«, wie die deutsche Übersetzung »Stückwerk-Technologie« für »piecemeal-engineering« suggeriert. »Piecemeal« bedeutet vielmehr »Schritt für Schritt« und deutet auf ein systematisches, kontrolliertes und immer an der Praxis orientiertes Vorgehen. Nicht die Schaffung einer perfekten Gesellschaft, sondern die stetige Verringerung von Missständen in einer immer verbesserungswürdigen Gesellschaft ist das Ziel.

Dazu gehört für Popper auch eine Kontrolle der »schrankenlosen ökonomischen Freiheit« (OG II 154), eine Politik

---

Der typische Stückwerk-Ingenieur wird folgendermaßen vorgehen. Er mag zwar einige Vorstellungen von der idealen Gesellschaft als »Ganzem« haben – sein Ideal wird vielleicht die allgemeine Wohlfahrt sein – aber er ist nicht dafür, dass die Gesellschaft als Ganzes neu geplant wird. Was immer seine Ziele sein mögen, er sucht sie schrittweise durch kleine Eingriffe zu erreichen, die sich dauernd verbessern lassen.

Popper über Stückwerk-Sozialtechnologie (EH 53)

der staatlichen Intervention in die Mechanismen des Marktes. Die Gesellschaft bleibt für die sozial Schwachen verantwortlich. Popper hat in der ›Offenen Gesellschaft‹ noch an Zielen des demokratischen Sozialismus festgehalten. Er sah seine politische Philosophie als programmatische Grundlage für eine humanitäre, liberale und nichtmarxistische Linke. Die ›Offene Gesellschaft‹ atmet noch den Geist des sozialdemokratischen Wohlfahrtsstaates. Damit unterschied Popper sich in dieser Phase noch von Hayek, einem klassischen Wirtschaftsliberalen, der in seinem beinahe gleichzeitig erschienenen antitotalitären Buch ›Der Weg zur Knechtschaft‹ (1944) jede sozialstaatliche Intervention ablehnt.

Der Gesellschaftsentwurf des »Kritischen Rationalismus« ist der einer »offenen Gesellschaft«, die auf Veränderung und Fortentwicklung angelegt ist und den Individuen Raum für Mitwirkung und Kritik gibt. Sie beruht auf der »Erkenntnis der Notwendigkeit sozialer Institutionen ..., die die Freiheit der Kritik, die Freiheit des Denkens und damit die Freiheit des Menschen« (OG II 294) schützt. Es ist, um einen Begriff Leo Trotzkis abzuwandeln, keine Gesellschaft der »permanenten Revolution«, sondern eine Gesellschaft der »permanenten Reform«.

Die ›Offene Gesellschaft‹ stellt die Frage nach der Rechtfertigung politischer Herrschaft neu. Sie fragt nicht mehr nach dem »besten Herrscher«, sondern nach den Institutio-

Das Buch wurde während des Krieges geschrieben und, als es 1944 herauskam, mit Spott überschüttet ... Aber soweit mir bekannt, bezweifelte kein anderer Autor so entschieden wie Hayek, daß ein demokratischer Sozialismus, wie ihn Generationen idealistischer westlicher Intellektueller erträumten, auch nur der Möglichkeit nach zustande kommen könne. In einer Reihe deutlicher, aber geduldig entwickelter Kapitel führt Hayek den Beweis, daß kollektivistische Systeme ihrer Struktur nach in Konflikt mit den Idealen des Individuums geraten, die ein Wesensmerkmal der westlichen Demokratie seien. ... Der Sozialismus ist geschlagen, wohl wahr, aber Hayek ist immer noch relevant.

John R. Searle über Friedrich August v. Hayek, ›Der Weg zur Knechtschaft‹

nen, durch die man eine Regierung kontrollieren und gegebenenfalls absetzen kann. Popper hat Lenins Prinzip »Vertrauen ist gut, Kontrolle ist besser« zu einem institutionellen gesellschaftlichen Grundsatz gemacht. Merkmal der Demokratie ist ein politisch-praktisches Falsifikationsprinzip: Eine Regierung ist solange akzeptabel, wie sie keine grundsätzlichen Fehler macht. Danach wird eine neue Regierung gewählt, die der gleichen Kontrolle unterliegt. Die Demokratie ist deshalb für Popper nicht die beste, sondern die von allen am wenigsten schlechte Staatsform. Sie beruht auf einem Menschenbild, das auch die dunklen Seiten der menschlichen Natur in Rechnung stellt, aber auch auf einem Misstrauen gegenüber unkontrollierter Machtfülle.

Mit seiner »Sozialphilosophie für Jedermann« hat Popper sein wissenschaftstheoretisches Grundprinzip der Kritik und Offenheit auch als Grundprinzipien der Demokratie etabliert. Er wurde dadurch nicht nur, neben Hannah Arendt, zum bedeutendsten Kritiker des Totalitarismus im 20. Jahrhundert, sondern auch zum philosophischen Stichwortgeber der kritischen Dissidenten im »real existierenden« Sozialismus der Nachkriegszeit und zu einem philosophischen Wegbereiter der Wende 1989/90, die fast ein halbes Jahrhundert nach Erscheinen des Buches stattfand.

Mit dem Blick zurück nach Europa

Mit Abschluss des Manuskripts der ›Offenen Gesellschaft‹ richtete Popper seinen Blick wieder zunehmend auf Europa. Er verfolgte nicht nur gespannt die Entwicklung des Kriegs, der sich inzwischen gegen Hitler gewendet hatte,

Das Kriterium einer Demokratie ist das folgende: In einer Demokratie können die Herrscher – das heißt die Regierung – von den Beherrschten entlassen werden, ohne daß es zu Ausschreitungen und Blutvergießen kommt. Wenn also die augenblicklichen Inhaber der Macht im Staate nicht die Institutionen schützen, die es der Minorität ermöglichen, auf einen friedlichen Wechsel hinzuarbeiten, dann ist ihre Herrschaft eine Tyrannei.

Popper über den Begriff der Demokratie (OG II 198)

sondern er intensivierte auch wieder den Kontakt zu alten Bekannten. Seine Zukunft war völlig ungewiss. In Neuseeland beobachtete man zudem mit Bangen die Japaner, die bis 1942 noch im Pazifik vorrückten. Wenn eine Rückkehr in die Alte Welt auch unwahrscheinlich schien, verlor er ihre Möglichkeit doch nie aus den Augen.

Sobald er den ersten Band der ›Offenen Gesellschaft‹ im Oktober 1942 fertig gestellt hatte, begann er eine umfangreiche Korrespondenz mit dem Ziel, in den USA oder in England einen Verlag zu finden. Diese Suche wuchs sich, ähnlich wie im Falle der ›Logik der Forschung‹, für Popper zu einem Psychodrama aus, das sich über drei Jahre erstreckte. Die Bedingungen für die Publikation eines solchen Bandes waren denkbar ungünstig. Es herrschte Krieg, und nicht nur Papier und andere materielle Ressourcen waren knapp, es gab auch einen Mangel an Druckern. Der Umfang des Manuskripts sowie Poppers unorthodoxe Attacke gegen einen antiken Klassiker wie Platon sollten sich als zusätzliche Hindernisse erweisen.

Popper versuchte es zunächst in den USA über Kontaktpersonen, die er z. T. schon aus seiner Wiener Jugendzeit kannte, darunter Fritz Deutsch, der nun den Namen Frederick Dorian führte, Fritz Hellin, aber auch Alfred Braunthal, der inzwischen aus Brüssel übergesiedelt war. In Christchurch ungeduldig auf Rückmeldungen wartend, fühlte er sich hilflos und ohnmächtig. Mit den Bemühungen seiner Mittelsmänner war er nie zufrieden. Harpers und Macmillan lehnten jedoch ebenso ab wie John Day oder Yale University Press. Universitätsverlage verlangten in der Regel eine Kostenbeteiligung des Autors, wozu Pop-

Ich habe nun praktisch alle Hoffnung aufgegeben, wenigstens was die USA betrifft. Ich bin entschlossen, keinen Pfennig zur Publikation beizutragen; es ist gegen meine Prinzipien, mir das Privileg, gedruckt zu werden, zu erkaufen, und ich glaube auch nicht, dass ich dies in Erwägung ziehen würde, wenn ich das Geld hätte.

Popper an Braunthal, Brief vom 23. August 1943 (Übers. v. Verf.)

per nicht bereit war. Die Bemühungen um eine Veröffentlichung in den USA scheiterten. Erst 1950 erschien die ›Offene Gesellschaft‹ in einer amerikanischen Ausgabe bei Princeton University Press.

Inzwischen hatte Popper im Februar 1943 den zweiten Band abgeschlossen. Später fügte er die Daten des Manuskriptabschlusses in das Buch ein, weil er befürchtete, man könne ihn wegen Ähnlichkeiten mit Hayeks ›Der Weg zur Knechtschaft‹ des Plagiats beschuldigen. Im April desselben Jahres kam es zur erneuerten und folgenreichen Kontaktaufnahme mit Ernst Gombrich in London. Popper nannte ihn den »einzigen verlässlichen Freund, den ich in England habe« (Brief v. 16. 4. 1943, Übers. v. Verf.) und bat ihn um Hilfe bei der Veröffentlichung des Buches. Gombrich war bereit, das Manuskript zu lesen. Es war sein Engagement, das letztlich den Durchbruch brachte. Gombrich hatte zwar selbst nur wenige Verlagskontakte, aber er gab das Manuskript weiter, u. a. an Stebbing und Hayek. Hayek erwies sich, nicht zum letzten Mal in Poppers Leben, als Glücksbringer. Nach zahlreichen Absagen war es nämlich Hayeks eigener Verlag, Routledge in London, der sich zur Publikation bereiterklärte. Als Popper im April 1944 von Gombrich die Nachricht per Telegramm erhielt, antwortete er euphorisch: »Ich brauche Dir nicht zu erzählen, was dies für uns bedeutet. Ich war schon nahe daran, alle Hoffnung aufzugeben.« (Brief v. 10. 4. 1944, Übers. v. Verf.)

Nach fast einem Jahr, als ich weder aus noch ein wußte und in sehr bedrückter Stimmung war, erfuhr ich durch Zufall die englische Adresse meines Freundes Ernst Gombrich, mit dem ich während des Kriegs jeden Kontakt verloren hatte. Dank der sehr aktiven Interaktion von Professor F. A. von Hayek, der äußerst großzügig seine Hilfe anbot … fand sich nach mehreren Versuchen schließlich der Verleger von Hayeks englischen Büchern bereit, mein Buch herauszubringen. Hayek und Gombrich schrieben mir beide sehr ermutigende Briefe über das Buch. Mir war, als hätten die beiden mir das Leben gerettet; und dieses Gefühl habe ich heute noch.

Popper über die Publikation der ›Offenen Gesellschaft‹ (A 169 f.)

Doch das Drama war noch nicht ganz beendet, denn die tatsächliche Veröffentlichung verzögerte sich kriegsbedingt noch über ein Jahr, was Popper in erneute Depressionen stürzte. In der ersten Jahreshälfte 1944 forderte sein Körper Tribut für die ungeheure Anstrengung, die er ihm in Jahren konzentrierter Arbeit zugemutet hatte. Er litt an Erschöpfungszuständen und verlor neun Zähne.

Popper schrieb verzweifelte Briefe an den Verleger, auch Hayek versuchte, seinen Einfluss geltend zu machen. Als im November 1945 die beiden Bände der ›Offenen Gesellschaft‹ schließlich in London erschienen, war der Krieg bereits ein halbes Jahr zu Ende. Poppers Auseinandersetzung mit dem Totalitarismus und seine Theorie demokratischer Herrschaft sollte erst in den Nachkriegsjahrzehnten seine Wirkung entfalten.

Unmittelbar nützlich wurde das Manuskript jedoch bereits vor seiner Veröffentlichung, indem es mithalf, Poppers Weg zurück nach Europa zu ebnen. 1941 war an der London School of Economics eine Professur frei geworden, die zunächst als »readership«, d.h. als Dozentur ausgeschrieben werden sollte. Hayek teilte Gombrich vertraulich mit, dass er gedenke, in dieser Angelegenheit etwas für Popper zu tun. Zur Vorbereitung ließ er Poppers ungedrucktes Manuskript zirkulieren. Im November 1943 informierte er Popper selbst. Dieser war mehr als interessiert, denn nun bot sich endlich die Möglichkeit, die empfundene Isolation zu verlassen. Auch hier war Gombrich eine unverzichtbare Hilfe, denn er regelte für Popper die Bewerbungsformalitäten. Obwohl Hayek bei der entscheidenden Sitzung der Stellenkommission wegen einer Vortragsreise

Ich war sehr gern in Neuseeland, trotz der Ablehnung, auf die meine Tätigkeit bei einem Teil der damaligen Universitätsbehörden stieß, und ich war bereit, für immer dort zu bleiben. Im Frühjahr 1945 erhielt ich eine Einladung von der Universität Sydney ... Kurz danach – der Krieg in Europa neigte sich seinem Ende zu – erhielt ich ein Telegramm, unterzeichnet von Hayek, der mir eine außerordentliche Professur (Readership) an der London School of Economics ... anbot. Gleichzeitig dankte er

in die USA nicht anwesend sein konnte, entschied man zugunsten Poppers.

Im Mai 1945 machten Karl und Hennie eine Ausflugstour zum Mount Cook in den neuseeländischen Alpen und übernachteten in der »Hermitage«, dem am Fuße des Berges gelegenen Hotel. Auf dem Rückweg nach Christchurch hielt der Bus in Fairlie, einem kleinen Ort im Süden der Provinz Canterbury. Hier überreichte eine Angestellte der Poststation Popper ein Telegramm mit der positiven Nachricht. Ein Angebot aus Sydney, das er ebenfalls erhalten hatte, lehnte er ab.

Es folgten hektische Aktivitäten, denn Poppers Übersiedlung standen bürokratische Hindernisse im Wege. Er und seine Frau hatten keine Pässe. Sie waren staatenlos. Poppers Einbürgerungsanträge waren bisher abgelehnt worden. Popper benötigte eine offizielle Einreisegenehmigung aus England, die schließlich eintraf, aber zunächst nur auf zwölf Monate begrenzt war. Auch musste er sein Haus verkaufen. Die Universität in Christchurch beurlaubte ihn schließlich für ein Jahr, und man versicherte beiden, dass sie bei der nächstmöglichen Einbürgerung berücksichtigt würden.

Am 5. Dezember 1945 schifften sich Karl und Hennie in Auckland auf der »New Zealand Star« in einer 4-Betten-Kabine ein. Das Schiff, das ihn in die Alte Welt zurückbrachte, musste die Route über Kap Hoorn nehmen, für Popper ein »phantastisch und unvergeßlich schöner Anblick« (A 173). Am 5. Januar 1946 betrat er mit seiner Frau wieder englischen Boden. Gombrich erwartete ihn am Hafen, mit einem Exemplar der ›Offenen Gesellschaft‹ in der Hand.

---

mir für die Übersendung von ›The Poverty of Historicism‹ an die Zeitschrift ›Economica‹, deren Herausgeber er damals war. Ich hatte das Gefühl, Hayek habe mir ein zweites Mal das Leben gerettet. Von diesem Augenblick an konnte ich es kaum erwarten, Neuseeland zu verlassen.

Popper über das Ende seiner neuseeländischen Zeit (A 172)

Professor in London

Aufbruch und Aufstieg

Als Popper mit seiner Frau im Januar 1946 in London eintraf und seine Lehrtätigkeit als Dozent für Logik und Wissenschaftstheorie an der London School of Economics (LSE) aufnahm, waren die Spuren des gerade zu Ende gegangenen Kriegs noch überall zu sehen. Auch London lag teilweise in Trümmern. Das Ende des Kriegs wurde aber auch als Anbruch eines neuen Zeitalters erlebt und von vielen mit großem Enthusiasmus begrüßt.

Für Popper selbst war die Zeit des Exils beendet. In England, dessen Staatsbürger er mit dem 1. 11. 1949 wurde, fand er ein neues und endgültiges Zuhause. Noch während seiner Zeit in Neuseeland hatte Carnap ihn gefragt, ob er sich vorstellen könne, je wieder nach Wien zurückzukehren. Die Antwort war: »Nein, niemals!« Doch ließ er die Verbindung zu Österreich nie ganz abreißen. So schickte er in den wirtschaftlich schwierigen Nachkriegsjahren Nahrungspakete in die alte Heimat. Vor allem Hennie zog es immer wieder dorthin, nicht nur um in regelmäßigen Abständen ihre kranke, nun in Salzburg lebende Mutter zu besuchen, sondern auch um die Atmosphäre Wiens zu genießen, die sie so sehr liebte. In anderer Hinsicht

36 London, Piccadilly Circus (1947)

37 Erwin Schrödinger

wiederum neigte Popper zur Überassimilation. Er wurde ein überzeugter Anhänger aller britischen Institutionen, vom Erziehungssystem bis hin zum Mehrheitswahlrecht. Wie sein späterer Schüler Ian C. Jarvie erstaunt feststellte, sprachen die Poppers auch untereinander Englisch. (Jarvie [1989] 424 f.)

Die Poppers wohnten zunächst in East Barnett, bevor sie sich später ein Haus westlich von London, in Penn, kauften. Popper fand in England das, was er immer gesucht hatte: das Leben in einem freien Land, öffentliche Anerkennung, eine feste akademische Anstellung an einer renommierten Universität, geistigen Austausch, Schüler und vor allem die Ruhe zum konzentrierten Arbeiten und Forschen. Besonders in den späten 40er-Jahren, als er zum neuen Star an der London School of Economics wurde, war Popper mit sich und der Welt im Einklang.

Er kam nicht als Fremder. In London lebten bereits Gombrich und Hayek, aber auch wissenschaftliche Gesprächspartner wie der Biologe Peter Medawar oder Lionel Robbins, mit denen er sich austauschte. Eine Freundschaft entwickelte sich auch aus dem Wiedersehen mit Erwin Schrödinger. Von 1947/48 bis zu Schrödingers Tod im Jah-

Zwar habe ich … Sorgen und Kummer erlebt, doch glaube ich nicht, daß ich als Philosoph eine unglückliche Stunde verbracht habe, seit wir nach England zurückgekehrt sind … Ich habe viel gearbeitet, und ich bin oft tief in unlösbare Schwierigkeiten geraten. Aber ich habe das Glück gehabt, neue Probleme zu finden, an ihnen arbeiten zu können und hier und da auch einige Fortschritte zu machen. Das ist, denke ich, die beste Art zu leben.

Popper über sein Leben in England (A 180)

re 1961 standen Popper und Schrödinger in regelmäßigem Briefkontakt und sie trafen sich häufig in Wien, wenn Popper sich dort zu Besuch aufhielt. Die Diskussionen mit Schrödinger hat Popper als die interessantesten und aufregendsten bezeichnet, die er je mit Physikern geführt hat.

Popper gehörte zu den Mitbegründern der »Philosophy of Science Group«, aus der sich die »British Society for the Philosophy of Science« entwickelte, deren Vorsitz er 1951 übernahm. Auch an der Zeitschrift der Gesellschaft, ›The British Journal for the Philosophy of Science‹, arbeitete er aktiv mit. Wenn es eine Periode gab, in der er regen sozialen und interdisziplinären Austausch mit Kollegen in Großbritannien pflegte, so waren es die ersten Nachkriegsjahre.

Eine positive Erfahrung machte er auch mit der ersten Nachkriegsgeneration von Studenten an der LSE. Oft waren es ältere, aus dem Krieg heimkehrende, bildungshungrige Soldaten. Anders als in Christchurch empfand Popper das Lehren nicht mehr als Last, sondern als Freude.

Popper war ein beeindruckender, geistig höchst anregender und unorthodoxer Lehrer. Er kam nur mit wenigen Notizen in die Vorlesung und verblüffte die Studenten mit ungewöhnlichen Fallbeispielen. Er war in höchstem Maße überzeugt von dem, was er sagte, und er wollte seine Zuhörer überzeugen. John W.N. Watkins, der unter den damaligen Zuhörern war, hat beschrieben, wie der Lehrer Popper in seiner Mischung aus »Ernsthaftigkeit, Klarheit und Überzeugung« eine beinahe »hypnotische« Wirkung ausübte. Doch er konnte auch witzig, unakademisch und polemisch sein. So begann er etwa eine Vorlesung mit der Bemerkung, er sei zwar Professor für wissenschaftliche

Die LSE war damals, gleich nach dem Krieg, eine wunderbare Institution. Sie war noch klein genug, um es zu ermöglichen, daß jeder Lehrer seine Kollegen kannte. Die Lehrer waren hervorragend und die Studenten ebenfalls. Es gab sehr viele Studenten – die Vorlesungen waren überfüllt, mehr als in meiner späteren Zeit an der LSE –, und sie waren lernbegierig und wußten zu schätzen, was ihnen geboten wurde.

Popper über die Atmosphäre an der LSE nach dem Krieg (A 173)

Methode, doch leider gebe es überhaupt keine wissenschaftliche Methode – sondern nur ein paar »Faustregeln«.

Doch es gab auch schon die ersten Konflikte. Kurz nach seiner Niederlassung in London wurde Popper zu einem Vortrag im »Moral Science Club« in Cambridge eingeladen, den er noch aus Vorkriegszeiten kannte. Auch Russell war unter den Zuhörern. Am 25. Oktober 1946 kam es zu dem denkwürdigen Zusammenstoß mit Wittgenstein, der in verschiedenen Versionen berichtet wird.

Popper hatte zum Thema seines Vortrags die Frage gewählt: »Gibt es philosophische Probleme?« Wittgenstein, der bekannt für seine Auffassung war, dass die philosophischen Probleme gar keine echten Probleme sind, sondern lediglich durch Missbrauch und Missverstehen der Alltagssprache entstandene Scheinprobleme, forderte Popper auf, Beispiele für echte philosophische Probleme zu nennen. Popper nannte u. a. die Probleme der Verlässlichkeit sinnlicher Wahrnehmung und der Induktion. Wittgenstein tat sie als mathematische, logische oder linguistische Probleme ab. In Poppers Erinnerung entwickelte sich die Szene nun folgendermaßen: »Daraufhin nannte ich moralische Probleme und das Problem der Gültigkeit moralischer Regeln. An diesem Punkt sagte Wittgenstein, der beim Feuer saß und nervös mit dem Schürhaken gespielt hatte, den er gelegentlich wie einen Dirigentenstab benutzte, um seine Behauptungen zu unterstreichen: ›Geben Sie ein Beispiel für eine moralische Regel!‹ Ich erwiderte: ›Man soll einen Gastredner nicht mit einem Schürhaken bedrohen‹. Daraufhin warf Wittgenstein ärgerlich den Schürhaken hin, stürmte aus dem Raum und schlug die Tür hinter sich zu.« (A 176 f.)

Die Ergebnisse der Philosophie sind die Entdeckung irgendeines schlichten Unsinns und Beulen, die sich der Verstand beim Anrennen an die Grenze der Sprache geholt hat. Sie, die Beulen, lassen uns den Wert jeder Entdeckung erkennen.

Wittgenstein, ›Philosophische Untersuchungen‹ (1953)

Nach anderen Darstellungen haben sich die beiden Kontrahenten gegenseitig mit dem Schürhaken bedroht und vorgeworfen, wirres Zeug zu reden. Tatsache scheint zu sein, dass sich in der höflichen und gepflegten Atmosphäre eines britischen akademischen Clubs zwei höchst reizbare und nicht gerade diskret auftretende Mitteleuropäer begegneten, die sich nicht ausstehen konnten. Russell selbst hat vermutlich schon an diesem Abend, mit Sicherheit aber später in der Sache die Partei Poppers ergriffen.

1948 besuchte Popper zum ersten Mal die Veranstaltungen des Europäischen Forums in Alpbach in Tirol, die 1945 ins Leben gerufen worden waren. Dahinter standen vor allem Otto und Fritz Molden, Mitglieder des antifaschistischen Widerstands in Österreich. Die vielfältigen Veranstaltungen, darunter Vorträge, Seminare, Konzerte und Symposien, dienten dem Zweck des kulturellen Austauschs und der Völkerverständigung. Es herrschte eine lockere, Hierarchien missachtende und kosmopolitische Atmosphäre, die zahlreiche persönliche Kontakte ermöglichte.

Dieser politische Hintergrund machte es für Popper leichter, den Boden Österreichs wieder zu betreten. Seine Einladung war auf Betreiben Hayeks erfolgt. Bereits bei diesem ersten Auftritt begegnete er dem damals 24-jährigen Paul Feyerabend (1924–1994), der aus Wien angereist war. Feyerabend schildert in seiner Autobiographie seine erste Begegnung mit Popper: »Ich war neugierig auf Popper, der Philosophie unterrichtete. Ich hatte seine ›Logik der Forschung‹ durchgeblättert und mir ein Bild von ihm gemacht: Wahrscheinlich war er groß, schlank, ernsthaft und sprach langsam und bedächtig. Er war jedoch das exakte Gegen-

Ich hatte Popper 1948 in Alpbach kennengelernt. Ich bewunderte sein freies Auftreten, seine Frechheit, seine respektlose Haltung gegenüber den deutschen Professoren, die die Verhandlungen in mehr als einer Hinsicht gewichtig machten, seinen Sinn für Humor (ja, der relativ unbekannte Karl Popper von 1948 unterschied sich sehr von dem etablierten Sir Karl späterer Jahre), und ich bewunderte seine Fähigkeit, schwerwiegende Probleme in einfacher und journalistischer Sprache neu zu formulieren. Hier

teil. Er ging vor den Teilnehmern auf und ab und sagte: ›Wenn Sie mit Philosophen die Herren meinen, die in Deutschland Philosophie-Lehrstühle innehaben, dann bin ich sicher kein Philosoph.‹ Die deutschen Professoren, von denen viele im Publikum saßen, waren nicht gerade amüsiert. Wir Studenten fanden seine Rede jedoch sehr erfrischend.« Später bei einem Spaziergang »redete [Popper] über Musik, die Gefahren, die von Beethoven ausgingen, das Verhängnis, das Wagner darstellte, er mißbilligte, daß ich Reichenbachs ›Interphänomene‹ … erwähnt hatte und bot mir schließlich das Du an«. (Feyerabend, ›Zeitverschwendung‹, 98 ff.)

Es wurde der Beginn einer langen, fruchtbaren, aber auch äußerst kontroversen Beziehung. Die Szene beleuchtet auch schlaglichtartig einige typische Charaktereigenschaften Poppers: seine spontane Wärme und Herzlichkeit, das gänzliche Fehlen von Arroganz und Standesdünkel, aber auch seine Streitbarkeit und Unnachgiebigkeit in Sachfragen.

Poppers abfällige Bemerkung über »deutsche Professoren« war nicht zufällig. Seine Haltung gegenüber Deutschland war von ausgesprochener Distanz, ja von Abneigung geprägt, die er zwar nicht gegenüber deutschen Medien, aber sehr wohl privat äußerte. Die Gründe dafür lagen nicht nur in der deutschen Nazi-Vergangenheit, sondern auch in den geistesgeschichtlichen Traditionen Deutschlands, die er von einem romantischen Irrationalismus bestimmt sah und die in seinen Augen in deutschen Universitäten, in der Sprache der Intellektuellen und auch in der Politik fortlebten. Auffällig milder und offener war sein Verhalten gegenüber Österreichern.

war ein freier Kopf, der seine Ideen freudig vorbrachte ohne Rücksicht auf die Reaktionen der »Profis«.

Paul Feyerabend, ›Unterwegs zu einer dadaistischen Erkenntnistheorie‹ (1981)

Popper besuchte fortan die Tagungen in Alpbach beinahe jährlich. Seine Anhänger prägten im Laufe der Jahre das intellektuelle Klima dieser Veranstaltung derart, dass man vom Kritischen Rationalismus als der »Alpbacher Dorfreligion« sprach.

Mit seiner Stellung als einfacher Dozent war Popper auf Dauer nicht zufrieden. Er erwartete nicht nur Anerkennung seiner wissenschaftlichen Leistung, sondern auch, wie so oft, eine bessere Bezahlung. Als Viktor Kraft ihm ein Angebot aus Wien übermittelte und Findlay und Eccles Anstrengungen machten, ihn nach Neuseeland zurückzuholen, benutzte er diese Offerten, um an der LSE seine Beförderung durchzusetzen. Mit Erfolg. Zum 1. Januar 1949 wurde er zum ordentlichen Professor für Logik und wissenschaftliche Methode an der Universität London ernannt. Am 15. Februar empfingen ihn seine Studenten im Hörsaal mit Beifall, nachdem sie seine Ernennung aus der ›Times‹ erfahren hatten.

Als eine große Ehre betrachtete Popper auch die Einladung, die ihn 1949 aus den USA erreichte. Er sollte die William-James-Vorlesungen an der renommierten Harvard-Universität halten. Im Februar 1950 reiste er mit Hennie auf

dem Schiff »Queen Mary« nach New York. Diesen ersten Aufenthalt in Amerika hat Popper als einen Wendepunkt in seinem Leben beschrieben. Er traf verschiedene Freunde und Bekannte aus der Wiener Zeit wieder, darunter Herbert Feigl, Philipp Frank, Julius Kraft und auch Willard V.O. Quine. Dass seine durch die Nazis politisch verfolgten Freunde, und nicht zuletzt Einstein, in Amerika Zuflucht gefunden hatten, beeindruckte Popper tief. Amerika gab ihm das »Gefühl der Freiheit und der persönlichen Unabhängigkeit, das es in Europa nicht gab« (A 184), und bestätigte die positive Erfahrung, die er mit angelsächsischen Zivilisationen verband. Besonders beeindruckt war er auch von den Harvard-Studenten. An dieser Grunderfahrung konnte selbst die von Senator Joseph McCarthy inszenierte Hexenjagd auf Kommunisten und die auch für Popper sichtbare Diskriminierung der schwarzen Bevölkerung nichts ändern. Popper spielte die sozialen Probleme des Landes herunter. Anders als Russell schätzte er auch die Gefahr, dass die USA in eine rechte Diktatur hätten abgleiten können, gering ein.

Popper besuchte auch andere Ostküsten-Eliteuniversitäten wie Princeton und die Yale-Universität in New Haven. Zu einem geistigen Erlebnis besonderer Art wurde seine Begegnung mit Einstein in Princeton. Anders als zu Beginn der 20er-Jahre in Wien war diesmal Popper der Vortragende und Einstein der Zuhörer. Dass bei seinem Vortrag über Indeterminismus Bohr und Einstein unter seinen Hörern waren, betrachtete er als größtes Kompliment. (A 185) Nach dem Vortrag blieben Einstein und Bohr im Raum und diskutierten mehrere Stunden mit Popper.

38 Der Eingang zur Widener Memorial Library der Harvard University (2000)

Auf Einladung von Einstein kam es zu insgesamt drei Treffen, bei denen sie über Determinismus und Indeterminismus diskutierten. Wie immer legte Popper einen geradezu missionarischen Eifer an den Tag, um sein Gegenüber von der eigenen Position zu überzeugen, doch Poppers Versuche, Einstein für ein »offenes Universum« zu begeistern, waren vergeblich. Einstein hielt weiterhin an seiner Devise »Gott würfelt nicht« fest.

Die Vortragsreise in die USA war auch in finanzieller Hinsicht für Popper ein Gewinn. Er erhielt pro Vorlesung 600 $. Kaum zurückgekehrt, stürzten sich die Poppers in ein weiteres finanzielles Abenteuer. Sie kauften »Fallowfield«, ein westlich von London, in dem kleinen Ort Penn in Buckinghamshire, gelegenes Haus nahe High Wycombe. Dies bedeutete nicht nur eine hohe Hypothekenlast, das in einem schlechten Zustand befindliche Haus musste auch gründlich renoviert werden. Im Oktober 1950 bezogen die Poppers schließlich Fallowfield, wo sie bis zum Tode Hennies bleiben sollten.

Splendid Isolation in Fallowfield

Mit dem Umzug nach Penn begann der Rückzug Poppers aus sozialen Aktivitäten in eine private abgeschottete Existenz. Er hatte das neue Haus mit Bedacht gewählt: Es war der von London am weitesten entfernte Ort, der noch mit seiner Residenzpflicht vereinbar war. Sie schrieb einen Wohnort im Umkreis von 30 Meilen vor. Weder durch einen Bus noch einen Zug direkt erreichbar, lag das Haus an einer abgelegenen, mit künstlichen Höckern bestückten

> Ich versuchte ihn dazu zu überreden, seinen Determinismus aufzugeben, der auf die Ansicht hinauslief, die Welt sei ein vierdimensionales, parmenideisches, abgeschlossenes System, in dem Veränderungen nichts anderes sein konnten – oder beinahe nichts anderes – als eine menschliche Illusion.
>
> *Popper über seine Unterhaltung mit Einstein (A 185)*

Privatstraße, um unerwartete Störungen durch Besucher möglichst abzuwenden. Wer sich dennoch nicht entmutigen ließ und keinen Wagen besaß, musste den Zug nach High Wycombe besteigen und dort ein Taxi nehmen, ein Stück Bus fahren oder zu Fuß gehen.

Fallowfield war eine Idylle: Die einzigen Geräusche, die ans Ohr drangen, waren das Zwitschern der Vögel und das Klappern von Hennies Schreibmaschine, mit der sie im ersten Stock Poppers Manuskripte abtippte. Die Ernährungsgewohnheiten der Poppers bereiteten Freunden und Bekannten Kopfzerbrechen, denn es war bekannt, dass Hennie sehr selten kochte. Auch ganztägige Besucher mussten mit Tee, Kaffee, Keksen oder Sandwiches vorlieb nehmen. Zwar kannte man Poppers Vorliebe für Wiener Spezialitäten wie Kaiserschmarren und Sachertorte, doch schien er sich vor allem von Schweizer Schokolade zu ernähren. Man spöttelte, dass das Kochen eines Frühstückseis im Popperschen Haushalt große Aufregung verursache und dass die Poppers die einzigen Menschen seien, die Zucker unmittelbar in Proteine umwandeln könnten.

Freizeit blieb für Popper ein Fremdwort. Sein Arbeitsjahr hatte 365 Tage. Zur Entspannung las er zuweilen klassische englische Gesellschaftsromane des 19. Jahrhunderts, vor allem Jane Austen und Anthony Trollope. Neben der Arbeit war die Musik die einzige mit Hingabe betriebene Beschäftigung. In seinem mit Büchern übersäten Arbeitsraum stand nun auch wieder ein alter Bechstein-Flügel, der später durch einen neuen Steinway ersetzt wurde. Ein Auto schaffte sich Popper nicht wieder an, und auch auf einen Fernseher verzichtete er. In den 60er-Jahren wurde

Bücher haben ... in meinem Leben eine noch größere Rolle gespielt als die Musik, obwohl kein anderes Menschenwerk, auch nicht die größten Schöpfungen der Literatur und der bildenden Kunst, mir so wunderbar und übermenschlich erscheint und gleichzeitig so nahegeht wie die großen Werke der klassischen Musik. Aber Bücher sind kulturell doch viel wichtiger.

Popper über sein Verhältnis zu Büchern und zur Musik (SbW 117)

zudem der Bezug der Tageszeitung – der ›Times‹ – eingestellt.

Dieses ganz der philosophischen Arbeit gewidmete Leben wurde lediglich durch Einladungen zu Tagungen, Kongressen und Vorlesungen unterbrochen. Auch an der Universität machte er sich fortan rar. Er verbrachte nur noch einen Tag pro Woche in London, um seinen Lehrverpflichtungen nachzukommen. Sein Lehrdeputat verringerte sich zeitweise auf vier Wochenstunden. Man bewilligte ihm einen eigenen Forschungsassistenten, der ihm die Bücher besorgte und nach Penn brachte. Eine sich mit den Jahren immer mehr verstärkende Abneigung gegen das Rauchen trug ebenfalls dazu bei, dass Popper sich immer weniger in öffentlichen Institutionen aufhielt. Wer mit ihm sprechen oder arbeiten wollte, musste fortan nach Penn pilgern, eine obligatorische Übung für mehrere Generationen von Studenten, akademischen Mitarbeitern und Besuchern.

Im persönlichen Gespräch blieb Popper ganz der Alte: Es waren ausschließlich die philosophischen Probleme, die ihn interessierten und die er mit Streitlust und Überzeugungseifer anging. Der Philosoph und Publizist Bryan Magee (geb. 1930), der seit 1958 zu einem seiner engsten philosophischen Vertrauten wurde, hat einen seiner typischen Besuche in Fallowfield geschildert: »Vor meinem ersten Besuch erklärte er mir, ich solle von St. Marylebone aus mit der Bahn nach Havacombe fahren und mir dort ein Taxi nehmen. Ich hatte noch nie von Havacombe gehört, dachte mir aber nichts Böses. Als ich dann eine Fahrkarte kaufen wollte, hieß es dann allerdings, einen Bahnhof namens Havacombe gebe es nicht. Erst nach längerer Diskussion stell-

[Popper] war nicht, wie ihm so oft vorgeworfen wird, egozentrisch; er war auf unrealistische Weise Werk-zentriert. Aber seine Hingabe an seine Arbeit, wenn sie ihn auch isolierte, war selbstlos ... Er lebte ganz und gar für seine Arbeit und war bereit, alles andere dafür zu opfern. Daß er dabei brutal alle überfuhr, die ihm im Wege standen, ohne nach ihren Gefühlen oder den Folgen dieses Verhaltens zu fragen, wurde vielfach als Arroganz oder Größenwahn interpretiert. In Wirklichkeit aber behan-

te sich schließlich heraus, daß das Problem wohl bei Poppers Akzent lag – er hatte ›High Wycombe‹ gemeint ... Sobald ich das Haus betrat, packte Popper mich normalerweise am Arm und stürzte sich voller Enthusiasmus, aber auch mit fast erschreckender Energie auf das Problem, das ihm gerade zu schaffen machte. Wenn es nicht gerade regnete, führte er mich sofort in den Garten, ohne in seinem Wortschwall auch nur die geringste Pause einzulegen. Dort wanderten wir dann gemächlich umher, und oft brachte er uns beide zum Stehen, indem er meinen Arm noch fester ergriff und mir grimmig in die Augen starrte, während er mir einen Punkt ganz besonders vehement auseinandersetzte. Sein emotionales Engagement bei diesen Erörterungen war wirklich phänomenal; es wäre durchaus nicht übertrieben, von ›flammender Intensität‹ zu sprechen ... Wenn ich erwähnte, was mich neben der Philosophie gerade interessierte – Freunde, Musik, Theater, Reisen, die aktuelle politische Lage –, versuchte er erst gar nicht, sein Desinteresse zu verbergen. Wenn ich dann auf meinem Thema beharrte, fand er einen Grund, unser Treffen früher zu beenden als geplant.« (Magee, ›Bekenntnisse‹ 280 f.)

Popper hat sich im Rückblick auf diese Zeit als »den glücklichsten Philosophen« bezeichnet. Feigl, der ihn 1954 in Penn besuchte, sprach von Poppers »splendid isolation«. Doch es war eine retuschierte Idylle. Die frühen 50er-Jahre waren für die Poppers keineswegs glücklich. Der Hauskauf und die notwendigen Reparaturarbeiten erwiesen sich als eine schwere finanzielle Belastung. Die Geldsorgen hatten wieder begonnen. Auch gab es anfangs noch keine installierte Heizung. Popper, der dazu neigte, zwischen Euphorie

delte er jedermann so wie sich selber ... Er war seiner selbst nicht mehr bewußt, dachte nicht mehr daran, welchen Eindruck er machte, sondern verschmolz mit dem Thema, über das diskutiert wurde.

Bryan Magee, ›Bekenntnisse eines Philosophen‹ (1998)

und Depression hin- und herzuschwanken, fiel wieder in ein Stimmungstief. Die mit dem Umzug verbundenen körperlichen Anstrengungen machten sich bemerkbar. Im April 1952 hatte Hennie einen Zusammenbruch. Sie fiel in Ohnmacht und brach sich dabei einen Wangenknochen. Ein halbes Jahr war sie in ärztlicher Behandlung, wobei jeder einzelne Arztbesuch privat abgerechnet werden musste.

Die zunehmende soziale Isolation war nicht gänzlich selbst gewählt. Schon mit dem Weggang Hayeks, der 1948 einen Ruf nach Chicago angenommen hatte, verschlechterte sich für Popper das Klima an der LSE. 1951 schrieb er an Hayek, dass seit seinem Weggang nichts mehr so sei wie früher und dass er keine Freunde mehr an der LSE habe.

In die Philosophieszene Englands wurde er nie integriert. Diese wurde in der 50er-Jahren von der Oxforder sprachanalytischen Philosophie beherrscht, dessen führende Köpfe, Gilbert Ryle und John L. Austin (1911–1960), sich an den späten Wittgenstein der ›Philosophischen Untersuchungen‹ anlehnten. Popper wurde aufgrund seiner Veröffentlichungen zwar freundlich aufgenommen und mit Respekt behandelt. Aber seine philosophischen Ansichten, insbesondere seine äußerst kritische Einstellung gegenüber Wittgenstein, sowie seine Kritik an der Tendenz der sprachanalytischen Philosophie, alle wichtigen Probleme der Philosophie zu Scheinproblemen zu erklären, stießen auf wenig Sympathie.

Dazu kamen Irritationen, die Popper immer wieder auf seinem Weg begleiteten und die er mit seinem aggressiv selbstbewussten Auftreten provozierte. Er neigte dazu, zu

Beim ersten Anblick war Poppers Seminar eine regellose und desorganisierte Angelegenheit. Referate konnten an jedem beliebigen Punkt unterbrochen werden, jeder konnte den Mund aufmachen. Genaueres Zusehen zeigte ein interessantes Muster. Wenn ein neuer Student, von dem offensichtlichen Chaos ermutigt, den Mund aufmachte, wurde ihm sofort in unzweifelhafter Weise klargemacht, daß er nicht imstande sei, den einfachsten Gedanken zu verstehen. Diese Behandlung wurde mehrere Wochen lang fortgesetzt, bis eines schönen Tages, wenn der Student

deutlich zu zeigen und darauf zu beharren, dass er Recht hatte. Kollegen fühlten sich abgestoßen, wenn er ihnen ins Wort fiel und sie öffentlich abkanzelte. Popper spürte die soziale Kälte um sich herum und bat Peter Medawar (1915–1987), ihm offen zu sagen, wo die Ursachen lägen. Medawar wandte sich an Ryle, der zu verstehen gab, dass Poppers autoritäres und taktloses Verhalten Ursache vieler Verstimmungen sei.

Darunter litt offenbar auch seine Lehre. Findlay, der 1951 aus Neuseeland kam und Poppers Seminar besuchte, registrierte, dass Popper ein höfisches und autoritäres Gehabe angenommen habe. Popper selbst war von den Studenten der 50er-Jahre enttäuscht. Es kamen nun normale Schulabgänger, die den Studienbetrieb eher routiniert angingen. Er vermisste den Enthusiasmus der ersten Nachkriegsjahre und hatte nicht mehr die frühere Freude am Lehren.

Poppers Anwesenheitstag an der Universität war der Dienstag. Morgens um 11 Uhr hielt er seine Vorlesung. Am Nachmittag fand das berühmte »Popper-Seminar« für Fortgeschrittene statt. Popper erklärte seine Vortragsweise als »Spiralmethode«: Er begann mit der Aufstellung einer These, die er dann immer wieder mit Argumenten umkreiste. Fragen von Studenten waren ausdrücklich erwünscht.

Doch der ehemalige Hauptschullehrer und Student der Lernpsychologie stellte die psychischen Nehmerqualitäten seiner Studenten auf eine harte Probe. Poppers Seminare waren nichts für Teilnehmer mit einem schwachen Ego. Erwartet wurden hohe Konzentration, eine strikt problemorientierte Diskussionshaltung und vor allem eine glasklare

noch teilnahm und den Mund noch aufzumachen wagte, Popper mit dem Ausdruck der Neugier in seiner Stimme zu sagen pflegte: »Das ist ja ein sehr interessanter Gedanke«, und dann eine ganze Weile, manchmal eine ganze Stunde damit verbrachte, die tiefe Einsicht in dem hervorzuheben, was häufig nur eine beiläufige Bemerkung gewesen war. Wittgenstein hat, wie ich hörte, dieselbe Methode der Vernichtung und Wiederbelebung verwendet ...

Paul Feyerabend,
›Unterwegs zu einer dadaistischen Erkenntnistheorie‹ (1981)

sprachliche Ausdrucksweise. Es ging häufig stürmisch zu, eine Schonzeit für Anfänger gab es nicht. Die Teilnehmer mussten sich daran gewöhnen, dass Popper sie sofort unterbrach, wenn sie unlogisch oder unpräzise argumentierten, und ihre Argumente gnadenlos destruierte. Prätentiösen intellektuellen Jargon konnte er nicht ausstehen. »Versuchen Sie nicht, mich zu beeindrucken!«, fuhr er den Sprecher dann an. Für viele, wie z. B. für seinen späteren Assistenten Alan Musgrave, waren Poppers Seminare jedoch wie eine Droge, die sie nicht mehr missen wollten. Musgrave besuchte Poppers Veranstaltungen regelmäßig 12 Jahre lang. Doch für andere war es ein einschüchterndes und abschreckendes Erlebnis. Nicht zufällig bürgerte sich an der LSE der Spitzname »der totalitäre Liberale« für den Mann ein, der philosophisch die freie kritische Auseinandersetzung auf seine Fahnen geschrieben hatte.

Wirklichkeit, Wahrheit, Wahrheitsähnlichkeit

In seiner zweiten Lebenshälfte konzentrierte sich Popper auf die Erläuterung, Kommentierung, Erweiterung und Korrektur der Grundgedanken, die er in seinen beiden Hauptwerken, der ›Logik der Forschung‹ und ›Die offene Gesellschaft und ihre Feinde‹, formuliert hatte. Seine Publikationen nach dem Krieg waren zum größten Teil Aufsätze, die zunächst verstreut an verschiedenen Orten veröffentlicht und später meist in Sammelbände aufgenommen wurden. In den Arbeiten der 50er- und 60er-Jahre treten Probleme der Sozialphilosophie gegenüber denen der Wissenschafts- und Erkenntnistheorie wieder in den Hintergrund.

Im Mittelpunkt seiner Philosophie steht die Überzeugung, daß Kritik mehr als alles andere Wachstum und Verbesserung erbringen kann, eben auch Wachstum und Verbesserung unseres Wissens; doch der Mensch Popper konnte keine Kritik ertragen. Niemand hat je so überzeugend wie er schriftlich die Sache von Freiheit und Toleranz vertreten; der Mensch Popper jedoch war intolerant und hatte kein wirkliches Verständnis von Freiheit.

Bryan Magee, ›Bekenntnisse eines Philosophen‹ (1998)

In Großbritannien und der englischsprachigen Welt wurde die Rezeption von Poppers Wissenschaftstheorie freilich dadurch erschwert, dass die ›Logik der Forschung‹ nach dem Zweiten Weltkrieg nicht mehr erhältlich war und nur in deutscher Sprache vorlag. Hennie war der Meinung, dass auf diesem Gebiet die eigentliche Lebensleistung ihres Mannes liege, und sie drängte ihn zu einer englischen Übersetzung. Nach einer Nacht, in der ihn Hennie weinend bestürmt hatte, machte sich Popper schließlich 1955 an die Arbeit. Er stützte sich dabei auf ältere Übersetzungsversuche, sichtete auch das angesammelte neue Material und begann, es zu einem eigenen Buch auszuarbeiten, das als Begleitband zur englischen Ausgabe der ›Logik der Forschung‹ unter dem Titel ›Postscript: After Twenty Years‹ erscheinen sollte. Doch als die Korrekturfahnen beider Bände Anfang 1957 vorlagen, wurde Popper von einem Augenleiden heimgesucht. Das Korrekturlesen wurde zu einem Alptraum. Er fuhr nach Wien, um sich von einem Spezialisten operieren zu lassen. Doch auch nach der Operation verzögerten sich die Arbeiten am ›Postscript‹ weiter. Die englische Fassung der ›Logik der Forschung‹ erschien 1959, das ›Postscript‹ erschien erst in den 80er-Jahren in einer erweiterten dreibändigen Fassung.

›Vermutungen und Widerlegungen‹
Ähnliche Themen wie im ›Postscript‹ behandelt Popper auch in der Aufsatzsammlung ›Vermutungen und Widerlegungen‹ (1963), seinem dritten großen Werk. Insbesondere liefert er darin eine Rechtfertigung des erkenntnistheoretischen Realismus, also der Annahme, dass es eine bewusstseinsunabhängige Wirklichkeit gibt, die der menschlichen Erkenntnis zugänglich ist. In engem Zusammenhang mit dem Realismus entwickelt Popper auch seine Theorie des Erkenntnisfortschritts, der zufolge in der Entwicklung der Wissenschaften sich eine Annäherung an die Wahrheit vollzieht.

Besonderen Nachdruck hat Popper in ›Vermutungen und Widerlegungen‹ auch auf die allgemeine These der Fehlbarkeit menschlicher Erkenntnis gelegt. Seine frühere Auffassung, dass wissenschaftliche Theorien sich nicht beweisen lassen, erweitert er nun zu der These, dass kein Bereich des menschlichen Erken-

Nicht vom Beginn an enthüllten die Götter den Sterblichen alles;
Aber im Laufe der Zeit finden wir suchend das Bessre.
Sichere Wahrheit erkannte kein Mensch und wird keiner erkennen
Über die Götter und alle die Dinge, von denen ich spreche.
Sollte einer auch einst die vollkommenste Wahrheit verkünden,
Wüßte er selbst es doch nicht: es ist alles durchwebt von Vermutung.

Xenophanes (nach Popper, LdF XXVI)

nens gegen Irrtümer geschützt ist. Die Anerkennung des hypothetischen Charakters wissenschaftlicher Aussagen wird damit zum so genannten »Fallibilismus«: Alles menschliche Erkennen ist »fallibel«, d.h. fehlbar. Nicht nur das Operieren mit Theorien über die Welt, sondern auch das Urteilen über Erfahrungen und Tatsachen, ja selbst Logik und Mathematik sind nicht gegen Irrtümer immun. Anders als so viele Philosophen seit Descartes, die immer wieder die absolute, zweifelsfreie Gewissheit gesucht haben, hält Popper die Suche nach Gewissheit nicht nur für aussichtslos, sondern er betrachtet sie sogar als den Ursprung so mancher philosophischer Irrwege.

Dass keine Instanz und keine Quelle menschlicher Erkenntnis Unfehlbarkeit beanspruchen darf, ist z.B. die These des Aufsatzes ›Von den Quellen unseres Wissens und unserer Unwissenheit‹ (1960). Für Popper waren die beiden großen erkenntnistheoretischen Traditionen der Neuzeit, Rationalismus und Empirismus, im Grunde autoritäre Denkweisen, die die Autoritäten der Vergangenheit, wie die Bibel oder die Schriften des Aristoteles, durch neue unantastbare Autoritäten, nämlich die Autorität des Verstandes bzw. die Autorität der Sinne, ersetzt haben. Macht man dagegen mit der Anerkennung der menschlichen Fehlbarkeit ernst, dann braucht man nicht nur keine Autoritäten, sondern es ergibt sich als wichtige praktische Folge die Forderung nach Toleranz. (VuW 23)

Den Realismus hat Popper seit den 50er-Jahren leidenschaftlich propagiert. In dem Aufsatz ›Kübelmodell und Scheinwerfermodell: zwei Theorien der menschlichen Erkenntnis‹ (1948/49), bezeichnet er den menschlichen Intellekt als einen Scheinwerfer, der sich mit selbst produzierten Hypothesen auf die Realität richtet, um ihre Wahrheit zu testen. Auch der Aufsatz ›Drei Ansichten über die menschliche Erkenntnis‹ (1956) enthält eine Auseinandersetzung mit den nichtrealistischen Auffassungen wissenschaftlicher Theorien. Popper kritisiert darin insbesondere die instrumentalistische Auffassung, dass Theorien bloße

Instrumente zu wissenschaftlichen Berechnungen von Phänomenen sind, aber keine wahren Beschreibungen der Realität darstellen.

Ein Plädoyer für Realismus und Indeterminismus ist auch das im selben Zeitraum entstandene ›Postscript‹. In ihm versucht Popper, die wissenschaftstheoretischen Positionen, die in der ›Logik der Forschung‹ zum Teil offen vertreten, zum Teil vorausgesetzt wurden, in Auseinandersetzung mit der modernen Physik weiterzuentwickeln. Eine realistische Deutung erfahren die Quantenmechanik und die Wahrscheinlichkeit als Verwirklichungstendenzen (»Propensitäten«).

Mit der Anerkennung des Realismus war jedoch die Frage nicht gelöst, wie zwischen konkurrierenden Theorien entschieden werden kann, die nicht falsifiziert sind. Welche davon ist eine bessere Annäherung an die Wirklichkeit, welche ist »wahrer«? Zu dem damit gegebenen Problem des Erkenntnisfortschritts hat Popper eine Lösung vorgeschlagen, die von den Popper-Schülern intensiv diskutiert wurde.

In der ›Logik der Forschung‹ hatte Popper zwar davon gesprochen, dass sich die Wissenschaft der Wahrheit annähere, indem alte Theorien widerlegt und durch neue, bessere ersetzt werden. Doch die Frage des Erkenntnisfortschritts hatte dabei nur eine marginale Rolle gespielt. In dem Aufsatz ›Wahrheit, Rationalität und das Wachstum der wissenschaftlichen Erkenntnis‹ (1960) entwickelte er diese Position weiter. Eine bessere Theorie zeichnet sich, wie Popper nun an konkreten Fällen nachzuweisen versucht, dadurch aus, dass sie eine größere Erklärungskraft (oder einen größeren empirischen Gehalt) hat und dass sie sich zumindest genauso gut durch Erfahrung bewährt hat wie die mit ihr konkurrierenden Theorien. Musterbeispiele wissenschaftlichen Fortschritts sieht Popper in der Ersetzung der Theorien Keplers und Galileis durch Newtons Mechanik sowie in der Ersetzung von Newtons Mechanik und Maxwells Elektrodynamik durch Einsteins Relativitätstheorie. In beiden Fällen wurden ältere, in bestimmten Bereichen gut bewährte Theorien durch eine neue Theorie ersetzt, die neben den alten auch ganz neue Phänomene erklären und voraussagen konnte. Die älteren Theorien lassen sich nach Popper als Spezialfälle der jeweils neuen, umfassenderen Theorie begreifen. Einen solchen Erkenntnisfortschritt begreift er nunmehr ausdrücklich als Annäherung an die Wahrheit. Hier führt Popper den Begriff der »Wahrheitsähnlichkeit« (*verisimilitude*) ein. Bessere Theorien sind durch die Erweiterung ihres Erklärungsumfangs »wahrheitsähnlicher« als ihre Vorgänger.

Die ersten Popperianer

Trotz der Isolation innerhalb der englischen Philosophieszene begann sich Poppers Philosophie, der Kritische Rationalismus, auszubreiten. Maßgeblich dazu beigetragen haben eine Reihe von hoch begabten Schülern, die aus aller Welt nach London kamen, um sich in die philosophische Lehre Poppers zu begeben.

Poppers Verhältnis zu seinen Schülern war innig, fruchtbar, aber auch explosiv und konfliktreich. Die Gründe lagen in Poppers komplexer Persönlichkeitsstruktur. Er war ein engagierter, fürsorglicher und warmherziger philosophischer Lehrer ohne jeden Dünkel. Doch andererseits war er höchst empfindsam, rechthaberisch und nachtragend. So entwickelten sich viele Beziehungen zu seinen Schülern nach einem ähnlichen Muster: Nach einer Phase, in der die Schüler dem Meister in Verehrung und dieser ihnen in freundschaftlicher Fürsorge verbunden war, kam es in dem Augenblick zum Bruch, wenn ein Schüler eine eigenständige philosophische Position entwickelte und sie in Vortrag oder Schrift gegen den Meister vertrat. Er wurde verstoßen – in der Regel für immer. Popper litt unter den Konflikten mit seinen Schülern, aber er vergab und verzieh selten. Auf die Kritik seiner Schüler ging er in seinen Schriften fast nie ein. Die Popper-Schule ist aber nicht nur durch solche Lehrer-Schüler-Konflikte gekennzeichnet, sondern die Popperianer schossen auch untereinander vergiftete Pfeile ab.

Poppers Schüler und Anhänger

John W. N. Watkins hatte seine ersten Vorlesungen bei Popper bereits im Herbst 1947 gehört. 1958 wurde er Dozent an der LSE. Sein gutes Verhältnis zu Popper hielt immerhin bis 1982. Thomas S. Kuhn nahm an Poppers Seminar teil, als dieser 1950 in Harvard weilte, und hat ihn später mit seiner These von den »wissenschaftlichen Revolutionen« herausgefordert. Ralf Dahrendorf kam aus Deutschland nach London, um Popper zu hören.

Paul Feyerabend, gerade promoviert, machte sich 1952 mit einem Stipendium des British Council auf den Weg nach London, um bei Popper über Quantenmechanik zu arbeiten. Feyerabend,

39 John W. N. Watkins und Alan Musgrave auf einer der Tagungen in Alpbach (1987)

ein ebenso charmanter wie spitzzüngiger Wiener, blieb lange einer der Lieblinge des Meisters. Er lehnte es zwar ab, ein Jahr später Poppers Assistent zu werden, doch blieb er, anders als er es selbst später darstellte, noch bis in die 60er-Jahre ein überzeugter Popperianer. 1953 übersetzte er ›Die Offene Gesellschaft‹ ins Deutsche.

Joseph Agassi (geb. 1927), Poppers langjähriger Assistent, folgte ihm 1953 aus Israel. Agassi und Feyerabend waren 1953 mehrmals zusammen nach Fallowfield eingeladen. Sie fuhren mit dem Zug nach High Wycombe, frühstückten gemeinsam und nahmen dann einen Bus. Den Rest der Strecke legten sie zu Fuß zurück. In Fallowfield verbrachten sie den Tag zu Füßen Poppers und diskutierten den ganzen Tag über Physik und Wissenschaftstheorie. Beide blieben über viele Jahre befreundet, bis Feyerabends polemische Spitzen das Verhältnis trübten. Seine spätere Bemerkung, er sei nicht Poppers Assistent geworden, um nicht wie Agassi am Gängelband gehalten zu werden, kam bei Agassi nicht gut an. Dieser konterte, Feyerabend habe die Tatsache verdrängt, Popper zu Füßen gesessen zu haben.

Bei beiden kam es zum Bruch mit Popper, mit dem Unterschied, dass Feyerabend ihn selbst herbeiführte, während Agassi ihn sein Leben lang beklagte. Eine erste Verstimmung zwischen Agassi und Popper trat 1956 ein, als Agassi erklärte, seine »Schulzeit« sei vorbei. Danach kam es bis zu seinem Ausscheiden 1960 zu mehreren, auch persönlichen Kontroversen, die ihr Verhältnis nachhaltig belasteten. Trotz verschiedener, vor allem von Agassi betriebener Versöhnungsversuche blieb ihr Verhältnis gestört. 1978 kam es in Alpbach zu einem Eklat, als Agassi, nachdem er einen Einwand zu Poppers Ausführungen vorsichtig formuliert

40 Paul Feyerabend, Rudolf Carnap und Herbert Feigl in Alpbach (1964)

41 Popper und William Bartley (1989)

hatte, von diesem wie ein Schuljunge abgekanzelt wurde. Die am selben Abend im »Flüglerhof« mühsam erreichte Versöhnung war nicht von langer Dauer.

Feyerabend hingegen löste sich in den 60er-Jahren endgültig vom Kritischen Rationalismus, als er eine »anarchistische Erkenntnistheorie« zu entwickeln begann. Die philosophischen Eskapaden seines ehemaligen Schülers quittierte Popper im vertrauten Kreis mit einem »Silly Paul!«, in dem sowohl Bedauern als auch Zuneigung mitschwang. Doch seine Schriften ignorierte er fortan.

Auch in der zweiten Hälfte der 50er-Jahre zog Popper Studenten und junge Wissenschaftler aus dem Ausland an. Ian Jarvie begann sein Studium an der LSE 1955, Alan Musgrave (geb. 1940) 1958. Im selben Jahr kam auch William Bartley (1934–1990) aus Harvard und avancierte sofort zum Star am Institut. Bartley hat den kritischen Rationalismus zu einer universalen (»pankritischen«) Rationalitätstheorie verallgemeinert. Nach einer Kritik, die er Popper gegenüber auf einem Kongress in London 1965 übte, sprach dieser zehn Jahre nicht mehr mit ihm. Sie versöhnten sich schließlich in Hans Alberts Heidelberger Wohnung, in dessen Keller sie sich aussprachen. Doch das Verhältnis war danach nie mehr wie zuvor. Dennoch wurde Bartley zum wichtigsten Propagandisten Poppers in den USA.

Ebenfalls 1958 traf der Ungar Imre Lakatos (1922–1974) ein, eine der schillerndsten Persönlichkeiten unter den Popper-Schülern. Er hatte an der Moskauer Lomonossow-Universität Mathematik studiert und wurde als Mitglied der ungarischen KP in die stalinistischen Machtintrigen verwickelt. Von 1950 bis 1953 war er inhaftiert. Nach dem Ungarnaufstand 1956 verließ er

42 Imre Lakatos in Alpbach

Budapest in Richtung Wien, von wo Viktor Kraft ihn nach London zu Braithwaite schickte, ihm aber von Popper als einem sehr schwierigen Menschen abriet. Dessen ungeachtet ging er zu Popper und wurde 1960 Nachfolger Agassis als Poppers Assistent und rechte Hand an der LSE.

Das Verhältnis zwischen beiden war zunächst persönlich außerordentlich eng. Im Winter 1964/65 schrieb Popper an den im Ausland weilenden Lakatos: »Ich bin traurig, dass Du weg bist, einfach deshalb, weil ich viel glücklicher bin, wenn Du hier bist.« (Brief vom 15.12.1964, Übers. v. Verf.) Der Bruch kam 1969, als Lakatos seinen Beitrag für den von Paul A. Schilpp herausgegebenen Band über Popper in der »Library of Living Philosophers« schrieb. Lakatos' zentrales Thema war die Bedeutung des Pluralismus miteinander konkurrierender Theorien, die er anhand von Untersuchungen zur Mathematik herausarbeitete. In seinem Schilpp-Beitrag behauptet er, dass Popper weder das Induktionsproblem noch das Abgrenzungsproblem gelöst habe. Lakatos starb 1974, kurz nach Erscheinen des Bandes. Doch Popper verzieh seine Kritik nicht und erwähnte ihn in seinen Schriften nie mehr.

43 Popper mit Albert am Heidelberger Schloss (1978)

Den wichtigsten deutschen Vertreter des Kritischen Rationalismus, Hans Albert (geb. 1921), lernte Popper 1958 in Alpbach kennen. Er gestand ihm bei dieser Gelegenheit, dass er der erste Deutsche sei, dem er nach dem Krieg die Hand gebe. Die Tatsache, dass Alberts Frau Gretl Österreicherin war, mag den Kontakt erleichtert haben. Poppers Verhältnis zu dem gelernten Ökonomen und Soziologen Albert war eine Ausnahme in all den konfliktreichen Lehrer-Schüler-Beziehungen. Albert, ein humorvoller und streitlustiger Kölner, hatte allerdings nie bei Popper studiert, sondern ging in Deutschland seinen eigenen akademischen Weg als Professor für Soziologie und Wissenschaftslehre in Mannheim. Von 1955 an hatte er die Alpbacher Hochschulwochen besucht. Durch Popper vom Positivismus abgekommen, verteidigte er fortan den Kritischen Rationalismus gegen die Frankfurter Schule. Wenn er auch nicht immer mit Popper übereinstimmte, vermied er doch direkte Angriffe. Ihm kommt das Verdienst zu, Poppers Philosophie in Deutschland eingeführt und populär gemacht zu haben. Unterstützt wurde er dabei von seiner Frau Gretl, die einige Schriften Poppers ins Deutsche übersetzte. Für Popper war Albert der unverzichtbare Heerführer auf dem deutschen Schlachtfeld. Beide sahen sich bis zu Poppers Tod häufig in England, Heidelberg, Alpbach oder in Wien.

Wenngleich Popper sich persönlich von vielen Schülern lossagte und auf ihre publizierte Kritik in seinen späteren Schriften nicht offen reagiert hat, haben in diesen Schriften die Diskussionen mit seinen Schülern doch ihren Niederschlag gefunden.

Kritik vom »Wespennestclub«

Mit Poppers Aufstieg zu einem der führenden Philosophen wurde auch seine Wissenschaftstheorie Gegenstand kontroverser Debatten. Dabei haben nicht nur Philosophen anderer Lager, sondern gerade auch Poppers Schüler gewichtige Einwände vorgebracht. Intern nannte er diese Kritiker den »Wespennestclub«.

Eine Debatte, die Popper bereits seit seiner Wiener Zeit wiederholt geführt hatte, war die Auseinandersetzung mit Carnap über ›Induktive Logik und Wahrscheinlichkeit‹, wie ein Buch von Carnap aus dem Jahre 1959 hieß. In der ›Logik der Forschung‹ hatte Popper die Auffassung vertreten, dass die Wahrscheinlichkeit von Hypothesen nicht als

Inzwischen hatte ich im Sommer 1958 auf den Alpbacher Hochschulwochen in Tirol Karl Popper persönlich kennengelernt. ... Mir wurde bald klar, daß der kritische Rationalismus Poppers eine in vieler Hinsicht befriedigendere Auffassung darstellte als der damals in der Wissenschaftslehre dominierende neoklassische Empirismus und als die analytischen Denkweisen im Gefolge der Wittgensteinschen Spätphilosophie, ganz zu schweigen von den hermeneutischen und den dialektischen Lehren, die für die Philosophie Kontinentaleuropas charakteristisch waren.

Hans Albert, ›Vom Kulturpessimismus zum kritischen Rationalismus‹ (1996)

44 Popper zu Besuch bei Hans Albert

statistische Wahrscheinlichkeit (Ereigniswahrscheinlichkeit) zu verstehen ist. Es gibt daher nach Popper auch nicht so etwas wie eine induktive Bestätigung von Hypothesen, sondern lediglich eine »Bewährung« von Theorien, die jedoch nichts anderes ist als ein Bericht über die bisherigen Leistungen einer Theorie. Carnap hielt dagegen daran fest, dass Schlüsse von gegebenen Beobachtungen auf allgemeine Gesetze in einem präzisen Sinne als induktive oder Wahrscheinlichkeitsschlüsse interpretiert werden können.

Zu einem frühen Kritiker Poppers wurde Imre Lakatos in seinem Buch ›Beweise und Widerlegungen‹ (1963). Lakatos hielt zwar an der Falsifizierbarkeit wissenschaftlicher Theorien fest, doch hat er den Falsifikationismus mit verschiedenen Einschränkungen versehen. So behauptet er, dass eine wissenschaftliche Hypothese oder Theorie nie isoliert, sondern nur als Teil eines größeren Theoriezusammenhangs, eines so genannten »wissenschaftlichen Forschungsprogramms«, beurteilt werden kann. Eine Theorie kann nur dann als falsifiziert gelten, wenn sie Teil eines veralteten Forschungsprogramms ist, das zugunsten eines neuen aufgegeben worden ist. Den Begriff der »Wahrheitsähnlichkeit« begrüßte Lakatos, doch meinte er, dass damit eine schwache Form von Induktion anerkannt werde.

Poppers Sicht der Wissenschaft paßt genau zur Wissenschaftsgeschichte. Was ihm aber die stets hypothetische Natur wissenschaftlicher Erkenntnis vor Augen geführt hat, war die Herausforderung, die von Einstein kam und sich gegen Newton richtete.

Bryan Magee, ›Karl Popper‹ (1986)

Eine große Herauforderung für Popper bedeutete die Kritik an seiner Wissenschaftstheorie durch Thomas S. Kuhn (1922–1996). Im Juli 1965 kam es in London auf einem von Lakatos organisierten internationalen Kongress zu einer Konfrontation der Ansichten Poppers und Kuhns über Fragen des Erkenntnisfortschritts. Kuhn versuchte zu zeigen, dass die normale Wissenschaft keineswegs so rational und kritisch verfährt, wie sie es nach Popper eigentlich tun müsste. Sie ist normalerweise nicht damit beschäftigt, Theorien zu testen, sondern Bestätigungen und erfolgreiche Anwendungen einer herrschenden Theorie zu suchen. Doch auch in Zeiten der Krise, wenn eine gut bestätigte Theorie (»Paradigma«) erschüttert wird, erfolgt der Übergang von einer Theorie zu einer anderen, also ein »Paradigmenwechsel« durch eine »wissenschaftliche Revolution«, die mehr das Ergebnis eines Machtkampfes oder eines Glaubenskriegs ist als das einer rationalen Diskussion. Dieser irrationale Charakter der Wissenschaft rührt nach Kuhn daher, dass auch wissenschaftliche Theorien letztlich nicht widerlegt werden können und dass zwischen rivalisierenden Theorien nicht definitiv entschieden werden kann.

Popper hat Kuhns Kritik keineswegs rundheraus abgelehnt. Er hat zugestanden, dass Kuhns Beschreibung des tatsächlichen Vorgehens der Wissenschaftler für einige Phasen durchaus zutreffen könnte. Wissenschaftler sind mitunter tatsächlich weit weniger rational, als sie eigentlich sein sollten. Aber Kuhns These, dass Theorien unvergleichbar und unwiderlegbar sind, hat Popper als eine Form von Relativismus entschieden zurückgewiesen. Seiner Ansicht

... wenn eine wissenschaftliche Theorie einmal den Status eines Paradigmas erlangt hat, wird sie nur dann für ungültig erklärt, wenn ein anderer Kandidat bereitsteht, um ihren Platz einzunehmen. Kein bisher durch das historische Studium der wissenschaftlichen Entwicklung aufgedeckter Prozess hat irgendeine Ähnlichkeit mit der methodologischen Schablone der Falsifikation durch unmittelbaren Vergleich mit der Natur.
Thomas S. Kuhn, ›Die Struktur wissenschaftlicher Revolutionen‹ (1962)

nach lässt sich jede Theorie in der Tat gegen widerlegende Erfahrungen abschirmen, aber ein solches Immunisieren ist gerade keine wissenschaftliche Haltung, sondern ein Ausdruck von Dogmatismus, der das Ende der Wissenschaft bedeutet.

Paul Feyerabend hat, im Anschluss an Lakatos und Kuhn, aus der prinzipiellen Unbeweisbarkeit wissenschaftlicher Theorien radikale Konsequenzen gezogen. In seinem Hauptwerk ›Wider den Methodenzwang‹ (1975) versucht er am Fall Galilei zu zeigen, dass neue fruchtbare wissenschaftliche Theorien gerade auch dann entstehen können, wenn Forscher bewusst die Regeln wissenschaftlicher Methode brechen und neue Theorien gegen widerlegende Erfahrungen abschirmen. Keine wissenschaftliche Methode, nicht einmal die Poppersche Falsifikation, kann daher als allgemein gültig gelten. Mit seinem Slogan »Anything goes« (Alles ist möglich/Mach was du willst) vertritt Feyerabend aber nicht etwa nur einen Pluralismus wissenschaftlicher Methoden. Das eigentlich Provokative seiner Position besteht vielmehr darin, dass er die scharfen Grenzen zwischen Wissenschaft und Nichtwissenschaft ausdrücklich aufhebt und damit zu einem Relativismus gelangt, der auch andere, nichtrationale Formen des Erkennens und Handelns wie Astrologie oder Magie anerkennt. Auf diese »anarchistische Erkenntnistheorie«, mit der Feyerabend zum Vordenker der Postmoderne geworden ist, ist Popper nirgends eingegangen, ja er hat sie nicht einmal mehr ernst genommen, wie seine bissige Bemerkung über die »Idiotie moderner Slogans wie ›Anything goes‹« (WdP 106) zeigt.

Die Wissenschaft steht dem Mythos also viel näher, als eine wissenschaftliche Philosophie zugeben möchte. Sie ist eine der vielen Formen des Denkens ... und nicht unbedingt die beste. Sie ist laut, frech und fällt auf; grundsätzlich überlegen ist sie aber nur in den Augen derer, die sich schon für eine bestimmte Ideologie entschieden haben oder die Wissenschaft akzeptiert haben, ohne jemals ihre Vorzüge und ihre Schwächen geprüft zu haben.

Paul Feyerabend, ›Wider den Methodenzwang‹ (1975)

Der Positivismusstreit

45 Ralf Dahrendorf (1968)

Mit dem so genannten »Positivismusstreit« rückte in Deutschland Poppers Kritischer Rationalismus zum ersten Mal in den Blick einer breiteren Öffentlichkeit. Ralf Dahrendorf hatte anlässlich des Tübinger Soziologentags 1961 sowohl Popper als auch einen der führenden Köpfe der neomarxistischen Frankfurter Schule, Theodor W. Adorno (1903–1969), zu Vorträgen eingeladen. Er wollte damit Poppers Wissenschaftstheorie Eingang in die deutsche Diskussion verschaffen und eine klärende Kontroverse herbeiführen. Es ging dabei auch um den Gegensatz zwischen zwei verschiedenen Traditionen des antifaschistischen Exils, die sich um die philosophische Meinungsführerschaft stritten.

Die Frankfurter Schule, die aus dem in den 20er-Jahren gegründeten Frankfurter Institut für Sozialforschung hervorgegangen war und nach Hitlers Machtergreifung in den USA weitergeführt wurde, hatte die »Kritische Theorie« entwickelt, die, im Einklang mit der marxistischen Tradition, die Wertfreiheit der Wissenschaft bestritt. Die so genannte bürgerliche Gesellschaftswissenschaft blieb für sie eng verknüpft mit den Interessen der herrschenden Klasse, der Bourgeoisie. Der Begriff einer Wissenschaft, der es, wie im Falle Poppers, um Annäherung an eine von politischen Interessen unabhängige »Wahrheit« ging, war da-

Die empirische Sozialforschung kommt darum nicht herum, dass alle von ihr untersuchten Gegebenheiten, die subjektiven nicht weniger als die objektiven Verhältnisse, durch die Gesellschaft vermittelt sind. Das Gegebene, die Fakten, auf welche sie ihren Methoden nach als auf ihr Letztes stößt, sind selber kein Letztes sondern ein Bedingtes.

Theodor W. Adorno, Soziologie und empirische Forschung (1957)

nach eine Fiktion. Während Popper die Einheit der wissenschaftlichen Methode in Natur- und Sozialwissenschaften betonte, legten die Frankfurter Wert auf die Unterscheidung, dass die Sozialwissenschaften in dem Sinne »kritisch« sein müssten, dass die Erkenntnis gesellschaftlicher Strukturen bereits bestimmte ideologische und politische Schlussfolgerungen beinhaltet.

46 Theodor W. Adorno

Popper hielt sein Referat ›Die Logik der Sozialwissenschaften‹, in dem er seine bekannte These von der wissenschaftlichen Methode als ein Verfahren von »Versuch und Irrtum« darlegte. Popper betonte die Notwendigkeit, sich an dem »Ideal der wissenschaftlichen Objektivität« zu orientieren, machte jedoch die Einschränkung, dass »der Sozialwissenschaftler sich nur in den seltensten Fällen von den Wertungen seiner eigenen Gesellschaftsschicht so weit emanzipieren (kann), um auch nur einigermaßen zur Wertfreiheit und Objektivität vorzudringen«. (SbW 83) Die Unterschiede zwischen Kritischem Rationalismus und Kritischer Theorie schienen also durchaus überbrückbar. Und in der Tat antwortete Theodor W. Adorno auf Poppers Darstellung der Grund-

... Poppers rationalistisches Glaubensbekenntnis zu einer wissenschaftlich angeleiteten politischen Praxis geht freilich von der fragwürdigen Voraussetzung aus, ... daß die Menschen im Maße der Verwendung von Sozialtechniken ihr eigenes Geschick lenken können.

Jürgen Habermas,
›Analytische Wissenschaftstheorie und Dialektik‹ (1963)

47 Jürgen Habermas

züge seiner Wissenschaftstheorie in einem Korreferat, ohne dass es dabei zu nennenswerten Differenzen gekommen wäre. Popper selbst bemerkte später, Adorno habe ihm in diesem Korreferat »im Wesentlichen« zugestimmt. (SbW 79) Entsprechend enttäuscht war Dahrendorf. Die geplante und erhoffte Auseinandersetzung war ausgeblieben.

Auf dem Soziologentag selbst fand der Positivismusstreit jedenfalls nicht statt. Er wurde vielmehr von zwei jüngeren Protagonisten geführt, die in Tübingen lediglich unter den Zuhörern saßen: Jürgen Habermas (geb. 1929) und Hans Albert. Es war Habermas, der gegen Popper den Vorwurf des »Positivismus« erhob, wobei er einen alten marxistischen Kampfbegriff ausgrub, mit dem alle möglichen Arten der »bürgerlichen«, »nicht-dialektischen« Wissenschaftsauffassung bezeichnet wurden. Habermas hielt Popper vor, sein Kritischer Rationalismus sei ein »positivistisch halbierter Rationalismus«. Mit anderen Worten: Er vernachlässige den Zusammenhang zwischen Gesellschaftswissenschaft und Gesellschaftskritik.

Dies rief Albert auf den Plan, der die »dialektische« Wissenschaftsauffassung der Frankfurter zerpflückte und Popper, im Gegenteil, als Kritiker des Positivismus herausstellte. Albert verteidigte die Unterscheidung von Tatsachen und Werten und die damit zusammenhängende These,

In diesem Zusammenhang möchte ich nur nochmals darauf aufmerksam machen, daß der kritische Rationalismus nicht nur in keinem relevanten Sinn als eine Form des Positivismus charakterisiert werden kann …, sondern daß er aus einer Auseinandersetzung vor allem mit Kant und bestimmten Formen des Kantianismus hervorgegangen ist, sowie aus einer Kritik verschiedener Versionen des Positivismus.

Hans Albert, ›Traktat über kritische Vernunft‹ (2. Aufl. 1969)

Die Habermassche Attacke auf Poppers Auffassungen in der Adorno-Festschrift und seine einschlägigen Äußerungen in einem damals erschienenen Band von Aufsätzen aus seiner Feder veranlaßten mich, einen kritischen Aufsatz dazu zu verfassen. Habermas hatte Popper als »Positivisten« angegriffen, was mir insofern besonders korrekturbedürftig erschien, als ich selbst unter dem Einfluß des Popperschen Denkens zur Revision meiner positivistischen Anschauungen gekommen war.

Hans Albert,
›Autobiographische Einleitung‹ (1977)

dass aus wissenschaftlichen Tatsachenaussagen keine ethischen Werturteile abgeleitet und daher auch kein politisches Engagement begründet werden können.

Auch Popper selbst hat sich später gegen den Positivismusvorwurf entschieden verwahrt. Für ihn bezeichnete »Positivismus« die Tradition, die von Comte im 19. Jahrhundert zum Wiener Kreis führte, eine Tradition also, die er immer kritisiert hatte.

Die in der Debatte zwischen dem Kritischen Rationalismus und der Frankfurter Schule produzierten Beiträge wurden schließlich in dem 1972 erschienenen Band ›Der Positivismusstreit in der deutschen Soziologie‹ zusammen veröffentlicht. Adorno hat zu diesem Band eine neue, umfangreiche Einleitung beigesteuert, von Popper selbst wurde darin lediglich sein Tübinger Referat abgedruckt.

Seine Einschätzung der Frankfurter Schule, und insbesondere Adornos, äußerte Popper unverblümt in einem Beitrag von 1973. Er sah sie ganz in der Tradition der »orakelnden Philosophen«, die er in Gestalt von Hegel und Marx in seiner ›Offenen Gesellschaft‹ kritisiert hatte. Auf

Ich war immer ein Gegner jedes Dogmatismus, und ich habe von meinen ersten Veröffentlichungen an diesen Positivismus bekämpft. Während der Positivismus lehrt: »Bleibe beim Wahrnehmbaren«, lehrte ich: »Sei kühn mit der Aufstellung spekulativer Hypothesen, aber kritisiere und prüfe sie dann erbarmungslos.«

Popper gegen den Vorwurf des Positivismus (RoR 37f.)

eine Debatte hat er sich mit den Vertretern der Kritischen Theorie auch später nicht eingelassen.

Es war allerdings der Positivismusstreit, der nicht nur Poppers Kritischem Rationalismus, sondern auch der analytischen Philosophie in Deutschland den Boden bereitete.

Der liberale Allparteiendenker? Kritischer Rationalismus und demokratische Grundüberzeugungen

Der Positivismusstreit hatte neben dem wissenschaftstheoretischen auch einen sozialphilosophischen Aspekt. Für die politischen Ziele der Frankfurter Schule, die in Schlagworten wie »Überwindung der bürgerlichen Demokratie und des Spätkapitalismus« ihren Ausdruck gefunden hatten, hatte Popper keinerlei Sympathie. Für ihn blieb vielmehr die liberale Demokratie des Westens Grundlage aller Überlegungen. Die Volksaufstände 1953 in der DDR und 1956 in Ungarn bestärkten ihn in seiner antitotalitären Grundhaltung. Als ›Das Elend des Historizismus‹ 1957 in einer Buchausgabe erschien, fügte er die Widmung hinzu: »Dem Andenken ungezählter Männer, Frauen und Kinder, aller Länder, aller Abstammungen, aller Überzeugungen, Opfer von nationalistischen und kommunistischen Formen des Irrglaubens an unerbittliche Gesetze eines weltgeschichtlichen Ablaufs.« Es war seine Antwort auf Marx' »Proletarier aller Länder, vereinigt Euch!«

Seine unerbittliche Parteinahme für den Westen, verbunden mit der Tatsache, dass Vertreter aller demokratischen Parteien begannen sich auf ihn zu berufen, hat ihm den Spott als unverbindlicher »liberaler Allparteiendenker«

> Was freilich Adorno angeht, so kann ich seine Philosophie weder gutheißen noch nicht gutheißen. Obwohl ich mich redlich bemüht habe, sein Philosophieren zu verstehen, kommt es mir so vor, als sei es insgesamt oder nahezu insgesamt nichts als Rhetorik. Es scheint, daß er nichts zu sagen hat und daß er dies in Hegelscher Sprache sagt.
>
> *Popper über Adorno (GmM 131)*

eingebracht. Doch es war nie Poppers Absicht, Fundamente für ein Parteiprogramm zu legen. Ihm ging es darum, den Kritischen Rationalismus nicht nur als wissenschaftstheoretische, sondern auch als politik- und gesellschaftspolitische Haltung herauszustellen. Er formulierte die philosophische Grundlage für den Konsens der Demokraten.

Kritischer Rationalismus als politische Haltung bedeutete für Popper, die kritisch-rationale Grundhaltung der Wissenschaften auf die Politik zu übertragen, d. h. sich auf die Kraft von Argumenten einzulassen und Kritik ernst zu nehmen. Respekt vor den Argumenten des anderen impliziert den Respekt vor der Würde und den elementaren Freiheitsrechten des anderen. Dazu gehörten für Popper auch die Übernahme der klassischen Forderungen der Aufklärung nach Gedankenfreiheit, Meinungsfreiheit und Toleranz. Als gesellschaftliche und politische Grundüberzeugung trägt der Kritische Rationalismus sowohl liberale als auch konservative und sozialreformerische Züge.

Der Kritische Rationalismus ist liberal, weil Freiheit der politische Grundwert ist. Diese Annahme hat konkrete Folgen für die Gestaltung politischer Institutionen. In seinem 1958 in Alpbach gehaltenen Referat ›Zum Thema Freiheit‹ gibt Popper eine Definition der politischen Freiheit. Sie bemisst sich für ihn nicht an der besten Regierungsform, sondern an institutionellen Mechanismen, mit denen die Bürger eine Diktatur verhindern, politische Macht kontrollieren und so die persönliche Freiheit garantieren können.

Der konservative Zug des Kritischen Rationalismus besteht in der positiven Rolle, die er Traditionen zuspricht. In dem 1948 gehaltenen Vortrag ›Versuch einer rationalen

---

Ein Staat ist politisch frei, wenn seine politischen Institutionen es seinen Bürgern praktisch möglich machen, ohne Blutvergießen einen Regierungswechsel herbeizuführen, falls die Mehrheit einen solchen Regierungswechsel wünscht.

Poppers Definition der politischen Freiheit (LP 168)

Theorie der Tradition‹ hat Popper, mit einem Hinweis auf die Revolutionskritik Edmund Burkes (1729–1797), die Notwendigkeit betont, den sozialen Traditionszusammenhang zu wahren. Wer ihn durch eine Revolution radikal unterbricht, steht sofort vor der unlösbaren Aufgabe, neue Traditionszusammenhänge aus dem Nichts zu schaffen. Nach der Revolution müssen Staat und Gesellschaft mit eben den mühsamen kleinen Reformen und Korrekturen aufgebaut werden, die man vorher hatte vermeiden wollen.

Traditionen im sozialen Leben haben eine analoge Funktion wie Mythen und Theorien in der Naturwissenschaft: Sie bringen Ordnung und Orientierung, sind aber auch immer wieder Anlass für Kritik. Sie werden nie radikal abgelöst, sondern nur verändert und manchmal verbessert. Sie spielen eine Vermittlerrolle zwischen den Überzeugungen und Werten der Individuen und den Institutionen. Sie tragen dazu bei, dass Institutionen mit Leben erfüllt werden.

In der Annahme einer ständigen Veränderung und Korrektur von Traditionen ist die sozialreformerische Seite des Kritischen Rationalismus schon mitgedacht. Nicht Revolutionen oder die Verwirklichung von Utopien, sondern Reformen führen zu einer besseren, gerechteren Gesellschaft. So wie es in der Wissenschaft immer ungelöste Probleme gibt, auf die man mit neuen Hypothesen und Theorien antwortet, so gibt es in jeder Gesellschaft ungelöste soziale und politische Probleme, auf die man mit der Veränderung von Traditionen und neuen Institutionen reagiert. Neue Institutionen, wie z. B. Kranken- und Rentenversicherung, sind in den westlichen Gesellschaften in den letzten beiden Jahrhunderten ständig eingeführt worden. Nicht zufällig

48 Die Studentenunruhen erreichen im Sommer 1968 ihren Höhepunkt, und es kommt zu gewalttätigen Auseinandersetzungen mit der Polizei.

wurde Poppers früher Vortrag ›Utopie und Gewalt‹ von 1947 besonders aufmerksam von sozialdemokratischer Seite rezipiert. Es ist ein Text, der als Ergänzung zu Poppers positiver Bewertung der Tradition gelesen werden muss. Er greift hier seine Vorstellungen vom »piecemeal-engineerig« wieder auf. Als das »dringendste Problem einer rationalen öffentlichen Politik« (VuW 524) sieht er nicht, wie noch der Utilitarismus John Stuart Mills, die Herstellung allgemeinen Glücks, sondern die Vermeidung menschlichen Leids an.

Gewalt als Mittel der Politik hat Popper stets abgelehnt. Durch Gewalt entsteht keine Vernunft, vielmehr muss sie selbst durch Vernunft gezähmt werden. Das Thema »Utopie und Gewalt« sollte in den 60er-Jahren eine neue Aktualität gewinnen, als Popper mit der gesellschaftskritischen 68er-Bewegung konfrontiert wurde. Von dieser neuen Generation war er durch einen tiefen Graben von Überzeugungen und persönlichen Erfahrungen getrennt, obwohl ihr Auftreten ironischerweise seine These von der Kritik als Motor gesellschaftlicher Veränderungen in der westlichen Demokratie bestätigte. In den Jahren 1967–69 kam es auch an Poppers Universität zu Studentenunruhen, die am 24. Januar 1969 darin gipfelten, dass Studenten die verrammelten Tore zur LSE einschlugen, um das Gebäude zu beset-

zen. Popper sah den Niedergang des Westens als Menetekel an der Wand. Sein Assistent Lakatos, ein gebranntes Kind des Kommunismus, ging mit harter Hand gegen die Studenten vor. Als alter Stalinist, bemerkte er ironisch, habe er Erfahrung im Niederschlagen von Aufständen.

Von Feyerabend hingegen, der mit den 68ern sympathisierte, handelte sich Popper nun den Titel »Establishmentphilosoph« ein. Doch die politischen Fronten unter den Popperianern deckten sich keineswegs mit den persönlichen. Feyerabends Hauptwerk ›Wider den Methodenzwang‹ wurde nicht nur von der 68er-Bewegung mitinspiriert, es ist auch ein unvollendeter philosophischer Dialog mit Lakatos, dem das Buch gewidmet ist und den er darin als »einen meiner besten Freunde« bezeichnet.

In den Ländern des Ostblocks hingegen wurde die politische Sprengkraft des Kritischen Rationalismus wahrgenommen. Die ›Offene Gesellschaft‹ wurde in Giftschränken verwahrt, zirkulierte aber in Samisdat-Drucken. Der später in Cambridge lehrende ungarische Historiker Istvan Hont erinnert sich, wie er in den 60er-Jahren in Budapest in den Keller der Universitätsbibliothek geführt wurde, wo die ›Offene Gesellschaft‹ und ›Das Elend des Historizismus‹ sorgfältig verschlossen aufbewahrt wurden. Hier lagen die Ideen, die eine wirkliche europäische Revolution herbeiführen sollten – die von 1989/90.

Angekommen im Establishment

Dass das Establishment der westlichen Welt dem Kritischen Rationalisten zunehmend seine Aufwartung machte

Lieber Hans, so sitz' ich also jetzt wiederum hier im schönen London, weg von der kalifornischen Sonne ... Dafür bin ich aber von geistigen Lichtern umgeben, wie Imre, der allerdings im Augenblick damit beschäftigt ist, die Revolutionäre der London School of Economics hinter Schloss und Riegel zu bringen (er läuft auf der Straße und auf den Korridoren herum, sobald er ein verdächtiges Gesicht erblickt, schlägt er im Archiv der Schule nach, bekommt den Namen und läuft damit zur Polizei). Ich

und sich erkenntlich zeigte, empfand Popper mit unverhohlener Genugtuung. Der eher reservierten Haltung der akademischen Philosophie Englands stand seine internationale Aufwertung entgegen. Er erhielt immer häufiger Einladungen zu Gastvorlesungen an Universitäten in aller Welt. Auf Kongressen und Tagungen hielt er die Eröffnungsreferate. 1968 im spanischen Burgos und 1969 in Boston wurden bereits die ersten Kongresse über den Kritischen Rationalismus abgehalten.

Er verfasste Vorträge, die für ein breiteres Publikum bestimmt waren, und sprach auch im Radio. All dies trug dazu bei, dass Popper in den 50er- und 60er-Jahren zu einem der angesehensten Philosophen aufstieg. Auch innerhalb Großbritanniens selbst erhielt er Ehrungen. 1958 nahm ihn die »British Academy« als Mitglied auf. Im selben Jahr wurde er Präsident der »Aristotelischen Gesellschaft«, ein Jahr später Präsident der »British Society for the Philosophy of Science«. Die Harvard Universität ehrte ihn 1964 ebenso wie die »Royal Society of New Zealand«, die ihn als Ehrenmitglied aufnahm.

Sein ehemaliger Schüler John W. N. Watkins erinnert sich an zwei Tage im Jahre 1965, an denen Popper ausnahmsweise nicht gearbeitet hat. An dem einen machte er einen Ausflug in den Zoo. Der andere hängt mit einem Brief zusammen, den Hennie eines Tages aus dem Briefkasten fischte. Der Absender lautete »Her Majesty's Service«. Hennie glaubte zunächst, es handele sich um die Einkommensteuer. Als sie den Brief und den Inhalt realisiert hatte, steckte sie Popper, um seine Nerven zu schonen, zuerst ins Bett, bevor sie ihm die Nachricht beibrachte: Der Brief kam

selbst wurde zu einem Abendessen mit den Revolutionären eingeladen ... kam in Militärhemd und Militärjacke an ... was eine große Menge von Unbehagen verursachte ... ich war gezwungen, einen Kompromiß zu machen, zog eine wohl vorbereitete flammenrote Krawatte heraus ... aber verlegen war jedermann doch immer noch – außer mir. Also – ernstnehmen kann ich schon überhaupt nichts mehr. *Paul Feyerabend über sich und Lakatos während der 68er-Zeit (Brief an Hans Albert, 12. 5. 1969)*

vom Buckingham-Palast und enthielt die Mitteilung, dass die Königin ihm wegen seiner Verdienste um die Werte der Demokratie die Erhebung in den Adelsstand anbiete. Karl Raimund Popper, der als Jugendlicher im roten Wien in die Grinzinger Baracken gezogen war, um sich in den Dienst der Weltrevolution zu stellen, wurde nun von Elizabeth II. zum Ritter geschlagen. Er war im Establishment angekommen. Und Hennie durfte sich Lady Josefine nennen, eine kleine Entschädigung für die Lebenszeit, die sie dem Werk ihres Mannes geopfert hatte.

1969 wurde Popper emeritiert, zu einer Zeit, als Lakatos längst die Fäden des Instituts in der Hand hielt. Das Abschiedsgeschenk, das ihm seine Kollegen an der London School of Economics überreichten, gab er mit dem Hinweis zurück, er habe sich nicht genug in die Universität eingebracht. Sein Plan, sich nun in Ruhe seiner Autobiographie zu widmen, wurde durch die Ereignisse der Zeit durchkreuzt. 1969 war kein glückliches Jahr. Die Studenten hatten ihn zum Feindbild erklärt, das Verhältnis zu Lakatos zerbrach. Auch sah sich Popper wiederum in finanziellen Nöten. Er stellte fest, dass die für ihn vorgesehene Pension nicht ausreichte. So nahm er das Angebot an, im Herbst 1969 an der Brandeis-Universität in Boston Gastvorlesungen zu halten. Das neue Jahrzehnt brachte die erhoffte Ruhe nicht. Mit dem Ende seiner akademischen Berufstätigkeit waren weder das Ende seiner öffentlichen Wirksamkeit noch das Ende seiner philosophischen Entwicklung gekommen.

Ich gehe davon aus, daß Poppers Werk noch gelesen werden wird, wenn nur noch eine geringe Anzahl von anderen Philosophen des 20. Jahrhunderts überhaupt bekannt sind.

Bryan Magee, ›Bekenntnisse eines Philosophen‹ (1998)

Die späten Jahre: Der Metaphysiker der offenen Welt

Sir Karl im Unruhestand

Wie viele der großen Philosophen von Hobbes bis Russell erreichte Popper ein hohes Alter. 25 Lebensjahre, also ein Vierteljahrhundert, waren ihm noch von seiner Emeritierung 1969 bis zu seinem Tod 1994 beschieden. Es waren Jahre des zunehmenden internationalen Ruhms, aber auch der unablässigen, geduldigen Arbeit, in denen er mit seiner Hinwendung zur Metaphysik noch einmal eine neue Phase seines Denkens einleitete. Von gesellschaftlichen Verpflichtungen und vom öffentlichen Leben hielt er sich fern. Sogar private Einladungen sagte er regelmäßig ab. Eine der wenigen Ausnahmen bildete der Kontakt zu seinem engsten Freund Ernst Gombrich, mit dem er bis an sein Lebensende einen engen sozialen und geistigen Austausch pflegte. Wer ihn treffen wollte, musste ihn zu Hause aufsuchen oder einen seiner gelegentlichen Vorträge besuchen. Die Anregungen einer urbanen Kunst- und Kulturszene hat Popper in den letzten Jahrzehnten völlig aus seinem Leben ausgeschlossen. Seine Entscheidung gegen ein Auto bedeutete auch den freiwilligen Verzicht auf ein Stück Mobilität.

Poppers Tagesablauf erinnert in seiner auf geistige Konzentration abgestellten Regelmäßigkeit an den seines philosophischen Vorbildes Immanuel Kant.

> An einem normalen Tag stand er ziemlich früh auf und arbeitete praktisch ohne Unterbrechung bis zur Schlafenszeit durch; die einzigen Pausen, die er sich gönnte, waren ziemlich spartanische Mahlzeiten und eventuell ein kurzer Spaziergang. Ein Plattenspieler oder ein Fernsehgerät kamen ihm nicht ins Haus, weil sie ihm bloß die Zeit stehlen würden, und er hielt sich auch keine Zeitung, um nicht vom Denken abgelenkt zu werden.
>
> *Bryan Magee, ›Bekenntnisse eines Philosophen‹ (1998)*

Doch der Ruhestand entwickelte sich zum kreativen Unruhestand. Zahlreiche unerledigte und neue Projekte, Einladungen und öffentliche Ehrungen, prominente Besuche, öffentliche Debatten, aber auch private Sorgen trieben ihn zu unermüdlicher Aktivität an.

Eine erste Fassung seiner geplanten intellektuellen Autobiographie hatte Popper bereits in den Jahren 1968 bis 1970 fertig gestellt. Sie sollte Teil der ihm gewidmeten, zweibändigen Ausgabe in Paul Arthur Schilpps ›Library of Living Philosophers‹ werden, was in Fachkreisen eine philosophische Adelserhebung und das Eintrittsbillett in den Kreis der philosophischen Klassiker bedeutete. Die Konzeption der Bände verlangte, dass neben Poppers Beschreibung seines geistigen Werdegangs würdigende und kritische Aufsätze zu seinem Werk aufgenommen wurden, auf die Popper selbst wiederum antworten sollte.

Schilpp hatte den ausgewählten Autoren einen Termin bis Mai 1965 gesetzt. Die meisten der 33 Beiträge trafen bis dahin auch fristgerecht ein. Popper selbst war jedoch mit seinen Erwiderungen säumig. Mit Verlagsfristen konnte er nie umgehen, weil sich in seinen Konzepten die möglichen Argumente und das einzubeziehende Material regelmäßig ins Unendliche auswuchs. Im Juni 1971 schließlich drohte ihm Schilpp, das Projekt auf unbegrenzte Zeit zu verschieben, wenn die Erwiderungen nicht bis zum 1. September vorlägen.

Popper entschloss sich nun zu einer generalstabsmäßig angelegten Rettungsaktion. Er trommelte einen kleinen Stab von Mitarbeitern und Assistenten in Fallowfield zusammen. Er selbst stellte für jede geplante Erwiderung eine

---

> Nein, es ist gänzlich unwahr, dass er Kritik nicht mag. Er mag keine leichtfertige Kritik. Seine Maßstäbe für das, was er an Kenntnis seines eigenen Werks verlangt, bevor man ihn kritisiert, sind vielleicht sehr anspruchsvoll ... was Popper daher will, ist, dass man ihn sorgfältig liest. Dann ist er an Kritik sehr interessiert.
>
> *Ernst H. Gombrich,*
> *›What I learned from Karl Popper‹ (1982, Übers. v. Verf.)*

Argumentationsskizze her, die dann von einem Mitarbeiter ausformuliert, von Popper redigiert und von Hennie getippt wurde. Nach sechs Wochen war die Tour de Force abgeschlossen, und Popper schickte im August das Material an Schilpp, begleitet von einem Telegramm: »Heute 666 Seiten abgeschickt«. 1974 konnten die beiden Bände schließlich erscheinen.

Der in der öffentlichen Wahrnehmung am meisten beachtete Teil der Schilpp-Bände ist Poppers Autobiographie, die 1976 unter dem Titel ›Unended Quest‹ auch separat veröffentlicht wurde. Der englische Titel »Unabgeschlossene Suche« reflektiert wesentlich deutlicher als der spätere deutsche Titel ›Ausgangspunkte‹ die Absicht des Buches, Poppers Leben als eine offene Denkbewegung im Sinne des eigenen Kritischen Rationalismus zu beschreiben. Eine Autobiographie im klassischen Sinne ist es nicht. Mit biographischen Details geht Popper äußerst sparsam um, viele private Informationen, wie das Verhältnis zu seinen Schwestern oder die Konflikte mit seinen Schülern, bleiben völlig ausgespart. In der Zeit ab 1945 tritt die Biographie ganz hinter die Probleme des Denkens zurück. ›Ausgangspunkte‹, für

49 Popper am Schreibtisch bei der Arbeit

Was hineinzupacken und was nicht – das ist die Frage.

Hugh Lofting,
›Dr. Doolittle's Zoo‹
Von Popper gewähltes Motto
für seine Autobiographie

viele immer noch die wichtigste Quelle zu Poppers Leben, ist eine perspektivische und glatt gebügelte Rekonstruktion der eigenen Denkentwicklung, die zwar eine gute erste Orientierung bietet, aber historisch nicht immer verlässlich ist. So ist beispielsweise Poppers These, er sei bereits durch die Schlüsselerlebnisse von 1919 zu den Prinzipien seiner späteren Wissenschaftstheorie geführt worden, angesichts seiner tatsächlichen intellektuellen Entwicklung kaum haltbar.

Im September 1971, kurz nach Fertigstellung der Schilpp-Manuskripte, erhielt Popper zusammen mit seinem alten Diskussionspartner John C. Eccles eine Einladung in die Niederlande zu Vorträgen an mehreren Universitäten. Auch ein Fernsehauftritt war geplant. Er sollte im Parlamentsgebäude in Den Haag stattfinden, am Abend des Tages, an dem die Königin feierlich die Parlamentssession eröffnete. Popper und Eccles sollten gefilmt werden, wie sie zur Podiumsbühne hinaufsteigen. Doch die Kamera fiel aus und die Prozedur musste mehrmals wiederholt werden. Schließlich verschob man die Aufnahme. Die beiden älteren Herren absolvierten ihren Auftritt, um danach noch einmal in einer gestellten Szene die Treppe hinaufzusteigen.

Popper und Eccles pflegten in den frühen 70er-Jahren einen engen und für beide Seiten äußerst fruchtbaren geistigen Austausch, in dem Popper seine metaphysische Spätphilosophie ausarbeitete. In der 1972 erschienenen Aufsatzsammlung ›Objektive Erkenntnis‹ wird diese neue Themenorientierung bereits sichtbar.

Viele philosophische Entwicklungen entstanden als Reaktion auf das Postulat zweier Welten durch Descartes, das im allgemeinen als Dualismus bezeichnet wird. Ich selbst habe lange geglaubt, daß dieses Konzept der zwei Welten eine adäquate Erklärung für all unsere Erfahrungen und Kenntnisse bildet ...[Ich habe] kürzlich die aufregende Erfahrung gehabt, mit einer brillanten Entwicklung Poppers ... konfrontiert zu werden, die es möglich machte, an eine dritte Welt zu glauben und viele meiner intellektuellen Probleme in diesem neuen Zusammenhang nochmals zu überdenken. *John C. Eccles, ›Gehirn und Seele‹ (1970)*

Neben den zahlreichen Einladungen zu Kongressen und Vorträgen unternahm Popper auch ausgedehnte private Reisen. Die längste brachte ihn 1973, im Rahmen einer viermonatigen Weltreise, wieder nach Neuseeland, das er seit 1945 nicht mehr gesehen hatte. An den Universitäten in Christchurch und Dunedin empfing man ihn wie einen heimgekehrten Sohn. Popper besuchte u. a. auch Singapur, Bali und Australien. Die Rückreise führte ostwärts, über Mexiko, wieder nach England zurück.

Neue Ehrungen, aber auch private Rückschläge erwarteten ihn. 1976 wurde ihm von der »American Political Science Association« der Lippincott Award für die ›Offene Gesellschaft‹ verliehen. Als noch ehrenvoller empfand er die Aufnahme in die seit Newton bestehende »Royal Society«, die Peter Medawar betrieben hatte. Er konnte es sich aber nicht verkneifen, seinem Missmut darüber Ausdruck zu geben, dass er nicht als wissenschaftliches, sondern als außerwissenschaftliches Mitglied aufgenommen war. Medawar wies ihn darauf hin, dass er damit in die gleiche Mitgliederkategorie wie der von ihm so geschätzte Winston Churchill gehöre, womit sich Popper aber nicht trösten ließ.

50 Popper und Peter Medawar

Ebenfalls im Jahre 1976 nahmen Karl und Hennie wieder die österreichische Staatbürgerschaft an, ein Akt, der vor allem für Hennie wichtig war, die den Blick nie von der alten Heimat abgewendet hatte. Doch auf das Leben beider legte sich in den späten 70er-Jahren ein dunkler Schatten. Bei Hennie wurde im März 1977 ein bösartiger Tumor festgestellt. In den folgenden Jahren versuchte man verschiedene Formen ärztlicher Therapie, mit eher geringem Erfolg. Noch mehr als zuvor wechselte Poppers Leben nun zwischen Phasen der Arbeit und tiefer Depression.

1979 schließlich, mit beinahe 50-jähriger Verspätung, erschienen ›Die beiden Grundprobleme der Erkenntnistheorie‹, die Anfang der 30er-Jahre geschriebene voluminöse Vorlage zur ›Logik der Forschung‹. Doch wie viel hatte sich inzwischen geändert: Mit seiner Altersmetaphysik hatte sich Popper weit von den Diskussionen des Wiener Kreises entfernt. Und der ehemalige Sozialist war zu einem Stichwortgeber etablierter westlicher Parteien geworden. Auch die politische Klasse in dem von ihm so ungeliebten Deutschland hatte ihn inzwischen für sich entdeckt.

»Jedermannspopper« und die deutsche Politik

Nachdem mit dem Positivismusstreit Poppers Wissenschaftstheorie Eingang in die deutsche Debatte gefunden hatte, wurde der Kritische Rationalismus in den 70er-Jahren, in merkwürdiger Eintracht, zu einem philosophischen Lieblingskind deutscher Politiker. Nicht unwesentlich dazu beigetragen hat die Tatsache, dass in der geistigen Auseinandersetzung mit der außerparlamentarischen Opposi-

---

> Die deutschen Politiker und Parteien haben den »Popper«, den sie verdienen. Es ist Jedermannspopper: für alle nützlich, aber niemandem hilfreich und zu nichts wirklich zu gebrauchen!
>
> *Helmut Spinner, ›Popper und die Politik‹, Bd. I (1978)*

tion Popper sich ganz auf die Seite des attackierten »bürgerlichen Systems« geschlagen und revolutionären Bestrebungen eine klare Absage erteilt hatte.

51 Herbert Marcuse

Dies wurde besonders deutlich in seiner Diskussion mit Herbert Marcuse (1898–1978), dem in der 68er-Bewegung einflussreichsten Vertreter der Frankfurter Schule, eine Debatte, die als eine Fortsetzung des Positivismusstreits unter rein politischen Gesichtspunkten aufgefasst werden kann. In einer Zeit, in der er mit Arbeiten zu den Schilpp-Bänden ausgelastet war, klagte Popper darüber, sich nun auch noch mit Marcuse beschäftigen zu müssen, von dem er ebenso wenig hielt wie von den übrigen Vertretern der Kritischen Theorie.

Marcuse hatte in seinem 1964 erschienenen Buch ›Der eindimensionale Mensch‹ den marxistischen Ansatz mit Gedanken der Psychoanalyse Freuds angereichert und die These vertreten, dass sich die Unterdrückung und die Klassengegensätze im Spätkapitalismus durch neue raffinierte Formen der Beherrschung und Kontrolle verfestigt haben. An der Notwendigkeit einer Revolution hielt er fest, obwohl er längst vom Proletariat als der treibenden und fortschrittlichen gesellschaftlichen Kraft Abschied genommen

Eine komfortable, reibungslose, vernünftige, demokratische Unfreiheit herrscht in der fortgeschrittenen industriellen Zivilisation, ein Zeichen technischen Fortschritts ... Die Rechte und Freiheiten, die zu Beginn und auf früheren Stufen der Industriegesellschaft einmal lebenswichtige Faktoren waren, weichen einer höheren Stufe dieser Gesellschaft: Sie sind dabei, ihre traditionelle Vernunftbasis und ihren Inhalt zu verlieren.

Herbert Marcuse, ›Der eindimensionale Mensch‹ (1964)

hatte und seine Hoffnung nun auf die Studentenbewegung und die Befreiungsbewegungen der Dritten Welt richtete.

In der am 5. Januar 1971 vom Bayerischen Rundfunk in München ausgestrahlten und von mehr als 1 Million Zuschauer verfolgten Fernsehdokumentation, die kurz danach in Buchform unter dem Titel ›Revolution oder Reform?‹ veröffentlicht wurde, legten Popper und Marcuse ihre gegensätzlichen sozialphilosophischen Auffassungen dar. Popper setzte dem Neomarxismus Marcuses sein Konzept der »offenen Gesellschaft« entgegen, deren zentrale Merkmale die freie Diskussion und Institutionen seien, die »den Schutz der Freiheit und der Schwachen« garantieren. Von einer Unterdrückung oder von antagonistischen Klassengegensätzen in den westlichen Ländern zu sprechen, lehnte er ab. Von seiner positiven Einschätzung der USA rückte er auch angesichts des Vietnamkriegs nicht ab. Er wies vielmehr darauf hin, dass es die Opposition innerhalb der USA gewesen sei, die die Regierung zu dem Eingeständnis gezwungen habe, dass der Vietnamkrieg ein großer Fehler gewesen sei. Genau dieser Einfluss der Opposition aber weise die USA als eine offene, zur Selbstkorrektur fähige Gesellschaft aus. Popper vergaß auch nicht zu erwähnen, dass es gerade die westliche Demokratie sei, die es den Neomarxisten erlaube, ihre Ideen zu verbreiten. Der von den Marxisten behaupteten Ohnmacht und Determination des Individuums durch gesellschaftliche Verhältnisse setzte er die Überzeugung entgegen, dass der Mensch mithilfe der Vernunft die Gesellschaft verändern kann und dass die politische Macht in der Lage ist, die ökonomische Macht zu kontrollieren.

… die Armut ist ein großes Übel und sie wird ein ärgeres Übel, wenn sie mit großem Reichtum zusammen besteht. Aber ein schlimmeres Übel noch als der Gegensatz von Armut und Reichtum ist der Gegensatz von Unfreiheit und Freiheit – der Gegensatz zwischen einer Neuen Klasse, der herrschenden Diktatur, und den in die Konzentrationslager oder anderwärts verbannten mißliebigen Mitbürgern. (RoR 26)

In dem Maße, in dem das internationale Renommee des jüngsten Vertreters der Kritischen Theorie, Jürgen Habermas, zunahm, rückte auch seine Beziehung zu Popper wieder in das öffentliche Interesse. Für Popper blieb Habermas, mit dem er sich nicht intensiv auseinander setzte, eine Reinkarnation der orakelnden deutschen Professorenphilosophie. In dem Aufsatz ›Gegen die großen Worte‹ (1984) montierte er Habermas-Zitate, um dessen Hegelschen Sprachduktus lächerlich zu machen. Habermas selbst, ehemals Protagonist der Anti-Popper-Front im Positivismusstreit, hat sich jedoch zunehmend vom Marxismus der Frankfurter Schule verabschiedet und sich in seiner Adaption der Aufklärung Popperschen Positionen angenähert.

Während Popper in der DDR eine philosophische Unperson blieb und von der westdeutschen Linken als Apologet des »bürgerlichen Systems« abgelehnt wurde, entdeckten die etablierten westdeutschen Parteien in den 70er-Jahren den Kritischen Rationalismus als neue philosophische Legitimationsgrundlage. Helmut F. Spinner, ein ehemaliger Schüler Hans Alberts, der vom Popperianer zum Popper-Kritiker mutiert war, spottete über die »Allerweltspartei des Kritischen Rationalismus« und ihren »Jedermannspopper«. Popper selbst verfolgte seine Rezeption in Deutschland aus der Distanz.

Ralf Dahrendorf, einer der frühesten deutschen Popperianer und besonders in den 60er- und 70er-Jahren in der FDP aktiv, hatte schon seit den frühen 60er-Jahren in zahlreichen Publikationen Popper für den politischen Liberalismus reklamiert. Fast zeitgleich zogen die beiden großen Volksparteien, CDU und SPD, Mitte der 70er-Jahre nach.

Und eines ist einfach und wichtig: Wir hier im europäischen Westen und in den Vereinigten Staaten leben heute in einer besseren und gerechteren Welt, als es je eine vorher gegeben hat.

Poppers Verteidigung des westlichen Systems (NW 49)

Warnfried Dettling grenzte den Kritischen Rationalismus gegen den demokratischen Sozialismus ab und machte vonseiten der CDU Popper zum konservativen Vordenker. Auch der spätere Bundeskanzler Helmut Kohl bekannte sich zu Popper. Der christdemokratische Bundespräsident Richard von Weizsäcker machte ihm anlässlich eines Staatsbesuchs in Großbritannien 1986 seine Aufwartung.

Die intensivste Rezeption erfuhr Popper aber nicht ohne Grund durch die Sozialdemokratie. Poppers Mischung aus aufklärerisch-liberalen Grundwerten und der Sozialstaatsidee war spätestens seit dem Godesberger Programm von 1959 zum programmatischen *mainstream* der SPD geworden. Publizistischer Höhepunkt der sozialdemokratischen Popper-Rezeption waren die beiden 1975 und 1976 erschienenen Bände ›Kritischer Rationalismus und Sozialdemokratie‹, die auch die Aufsätze ›Was ist Dialektik?‹ und ›Utopie und Gewalt‹ enthielten, in denen sich Popper mit dem marxistischen Denken auseinander setzt. Als prominenter Popper-Freund outete sich dabei insbesondere der damalige sozialdemokratische Bundeskanzler Helmut Schmidt, der auch das Vorwort zum ersten Band verfasste. Zwar betonte Schmidt, er sei weder Marxist noch Kritischer Rationalist, doch bekannte er sich ausdrücklich zur »kriti-

schen Grundhaltung«, zur Ablehnung utopischen Denkens und zu einer schrittweisen Reformpolitik. Schmidt bezog sich mündlich und schriftlich immer wieder positiv auf Popper, den er auch häufig zu Hause aufsuchte, zuletzt im Jahre 1993.

Kritische Stimmen zu Popper innerhalb der SPD gab es z. B. von Jochen Steffen, dem damaligen schleswig-holsteinischen Landesvorsitzenden, in seinem Buch ›Strukturelle Revolution‹ (1974). Gegen Poppers »Stückwerk« setzte Steffen wieder, ganz in der Tradition von Hegel bis Marcuse, die Forderung, das Konzept einer neuen politischen Ordnung als »Totalität«, vom »Ganzen zum Teil«, zu entwickeln. Eine skeptische Haltung gegenüber Popper bewahrte auch der langjährige Vorsitzende der SPÖ und österreichische Bundeskanzler Bruno Kreisky, der Popper mit Hayek assoziierte, einem entschiedenen Gegner des Wohlfahrtsstaats.

Zu einer denkwürdigen Begegnung zwischen Popper und linken deutschen Studenten kam es, als ihm am 26. Mai 1981 an der Tübinger Universität der Dr. Leopold Lucas-Preis verliehen wurde. Dort, wo die Studenten, im Andenken an die letzte Wirkungsstätte des marxistischen Philosophen, eine »Ernst-Bloch-Universität« ausgerufen hatten, befürchtete man Anti-Popper-Demonstrationen. Doch es kam zu einem friedlichen Happening. Popper hielt mit leiser Stimme einen Vortrag über Toleranz. Um ihn besser verstehen zu können, kamen die Studenten nach vorne, lagerten sich um das Podium herum zu Füßen Poppers und lauschten fasziniert. Für einen Abend vereinigte sich der 68er-Geist mit dem des Kritischen Rationalismus.

52 Der frühere deutsche Bundeskanzler Helmut Schmidt zu Besuch bei Popper (1993)

Ich bin kein Marxist. Ich bin ebensowenig ein Anhänger des kritischen Rationalismus. Jedoch empfehle ich, Marx zu lesen, ebenso Popper ...

Helmut Schmidt, Vorwort zu ›Kritischer Rationalismus und Sozialdemokratie‹ (1975)

Kritischer Rationalismus und Metaphysik

Man kann es als eine Ironie der Popperschen Wirkungsgeschichte betrachten, dass er in den 60er-Jahren, als er in der Öffentlichkeit als Positivist angegriffen wurde, sich bereits stark der Metaphysik zugewandt hatte. Poppers Spätwerk, die »Philosophie meines Alters«, wie er sie selbst bezeichnete, steht ganz im Zeichen der großen metaphysischen Fragen nach der Freiheit des menschlichen Willens und nach dem Verhältnis von Körper und Geist.

Wie keine andere philosophische Disziplin steht die Metaphysik in der Moderne unter dem ständigen Druck, ihre eigene Existenzberechtigung nachzuweisen. Galt sie wegen ihres Anspruchs, die letzten Gründe und die fundamentalen Prinzipien der Wirklichkeit zu erfassen, einst als die »Königin der Wissenschaften«, so wurde seit Hume und Kant ihr Status als Wissenschaft immer wieder bestritten. Doch wenngleich »Ende« oder »Tod« der Metaphysik schon oft verkündet worden sind, hat sie doch ebenso viele »Auferstehungen« erlebt. So haben im frühen 20. Jahrhundert Bergson, Whitehead, Hartmann und Heidegger viel beachtete Neubegründungen der Metaphysik unternommen. Allerdings stellte fast gleichzeitig der Wiener Kreis die Metaphysik unter das Verdikt der Sinnlosigkeit.

Unter dem Eindruck dieser Sinnlosigkeitsthese wagten es längere Zeit nur wenige wissenschaftlich orientierte Philosophen, sich überhaupt auf metaphysische Fragen einzulassen. Auch Popper ist die Annäherung an metaphysische Fragen nicht leicht gefallen. In der ›Logik der Forschung‹ hatte er die Positionen des Determinismus und Indetermi-

---

Die menschliche Vernunft hat das besondere Schicksal in einer Gattung ihrer Erkenntnisse: daß sie durch Fragen belästigt wird, die sie nicht abweisen kann; denn sie sind ihr durch die Natur der Vernunft selbst aufgegeben, die sie aber auch nicht beantworten kann; denn sie übersteigen alles Vermögen der menschlichen Vernunft. ... Der Kampfplatz dieser endlosen Streitigkeiten heißt nun Metaphysik.

Kant, ›Kritik der reinen Vernunft‹, Vorrede

nismus noch als gleichermaßen unwiderlegbare, metaphysische Annahmen abgelehnt und den Realismus noch mit schlechtem Gewissen vorausgesetzt. Nach dem Krieg präsentierte er sich in seinen Auseinandersetzungen mit der modernen Physik dann als entschiedener Vertreter des Realismus und des Indeterminismus.

Doch schon in der ›Logik der Forschung‹ hatte er die Metaphysik gegen ihre pauschale Verdammung in Schutz genommen. Ihre Rehabilitierung leitete er u. a. in den Aufsätzen ›Die Abgrenzung zwischen Wissenschaft und Metaphysik‹ (1955/64) und ›Über die Stellung der Erfahrungswissenschaft und der Metaphysik‹ (1957/58) ein. Metaphysisches Denken kann nicht schlechthin »sinnlos« oder nur Hemmschuh wissenschaftlicher Forschung sein, wenn ursprünglich spekulative metaphysische Ideen, wie etwa der Atomismus, zu wissenschaftlichen Theorien weiterentwickelt werden können. (LdF 13) Metaphysik kann Wissenschaften auch inspirieren und befruchten.

Eine rational argumentierende Auseinandersetzung über metaphysische Probleme erschien ihm nun möglich. Metaphysik ist zwar nicht direkt durch Beobachtung und Experimente widerlegbar, kann aber mit wissenschaftlichen Theorien im Widerspruch stehen und damit indirekt widerlegt werden. Metaphysik muss in Bezug auf Problemsituationen diskutiert und kritisiert werden. Ihre über die Wissenschaften hinausgehenden Antworten auf Probleme können u. a. im Hinblick auf bessere oder schlechtere Vereinbarkeit mit den Wissenschaften hin überprüft werden.

Damit hatte Popper einen Metaphysikbegriff unter dem Vorzeichen des Kritischen Rationalismus entwickelt. Mit

> Seit meiner ersten Veröffentlichung zu diesem Thema habe ich betont, daß es unangemessen wäre, die Abgrenzungslinie zwischen der Naturwissenschaft und der Metaphysik so zu ziehen, daß man die Metaphysik aus einer sinnvollen Sprache als sinnlos ausschließt … Die Abneigung gegen die Metaphysik ist eine Art von philosophischem (oder metaphysischem) Vorurteil, das die Systembauer daran gehindert hat, ihre Arbeit ordentlich zu machen. *Poppers Haltung zur Metaphysik (VuW 373 f., 385)*

dieser Konzeption einer kritisch-rationalen Metaphysik gibt er der traditionellen Idee einer streng *a priori* verfahrenden Metaphysik, wie sie von Platon und Aristoteles über Descartes, Spinoza, Kant und Hegel bis zu Husserl und Heidegger betrieben wurde, eine klare Absage. Wenn alle menschliche Erkenntnis fehlbar ist, dann gilt dies erst recht für Metaphysik. Mit der Betonung des hypothetischen Charakters der Metaphysik steht Popper nicht nur in der Tradition der »induktiven Metaphysik« des 19. Jahrhunderts, sondern er stimmt damit auch mit modernen Konzeptionen wie etwa der »kritischen Ontologie« Nicolai Hartmanns (1882–1950) oder der »wissenschaftlich orientierten Ontologie« Mario Bunges (geb. 1919) überein.

Plädoyer für Willensfreiheit

Mit seinem Eintreten für Willensfreiheit hat Popper einen ersten Baustein seiner neuen Metaphysik geliefert. Stark vereinfachend kann man sagen, dass sich seit Hume und Kant zwei Hauptpositionen gegenüberstehen. Auf der einen Seite stehen Deterministen wie Hume, die auch das Handeln des Menschen durch Charakter und Motive als genau festgelegt betrachten. Der Mensch bleibt nach dieser Auffassung für sein absichtliches Handeln dennoch verantwortlich, da er die Folgen seines Tuns mitbedenken kann. Auf der anderen Seite stehen Indeterministen oder Freiheitsanhänger, die Verantwortlichkeit und Determinismus als unvereinbar betrachten und daher, wie etwa Kant mit seiner schwierigen Zwei-Welten-Theorie, den Menschen aus der kausalen Ordnung der Natur herausnehmen, um

Der Mensch gehört als Tier zur Welt, aber doch auch als Person zu den Wesen, welche Freiheit des Willens haben.

Immanuel Kant,
›Opus Postumum‹

53 David Hume

ihn mit dem Begriff der »noumenalen Freiheit« als den eigentlichen »Urheber« seines Handelns deuten zu können. Während die meisten analytischen Philosophen seit Carnap, Schlick und Russell Hume folgen, gehört Popper zu den wenigen modernen Philosophen, die gegen Humes Auffassung eine Freiheitstheorie setzen, die, wie Popper glaubt, den wahren Intentionen Kants gerecht wird.

Poppers Plädoyer für die Freiheit des menschlichen Willens findet sich insbesondere in dem Aufsatz mit dem eigenartigen Titel ›Über Wolken und Uhren‹ (1965). Ausgangspunkt seiner Überlegungen ist die Unterscheidung zwischen physikalischem Determinismus und Indeterminismus, den er durch den Gegensatz von Uhren und Wolken veranschaulicht. Uhren stehen für deterministische Systeme, die genau voraussagbar sind, Wolken dagegen für indeterministische Systeme, die mehr oder weniger ungeordnet sind und daher auch nur ungefähr vorausgesagt werden können. Für den Determinismus ist die Welt somit ein einziger riesiger Automat, wogegen der Indeterminismus den Zufall in den Naturabläufen anerkennt.

Popper attackiert den Determinismus z. B. mit dem Argument, dass es die absolute Präzision, die der Determinismus annimmt, in der Welt nirgends gibt. Selbst die New-

Sowohl der Indeterminismus als auch der Interaktionismus sind in unser alltägliches Weltbild tief eingebettet; und beide wurden, Popper zufolge, auf Grund naiver philosophischer Theorien verworfen, die, obwohl ursprünglich durch wissenschaftliche Überlegungen veranlaßt, seitdem längst jedwede wissenschaftliche Berechtigung, die sie einst gehabt haben mögen, verloren haben.

John W. N. Watkins, ›Freiheit und Entscheidung‹ (1978)

tonsche Physik, die es erlaube, die Planetenbewegungen ziemlich, aber nicht absolut genau zu berechnen, setze keinen Determinismus voraus. Auch lässt der physikalische Determinismus keinen Platz für Schöpferisches in der Welt. Popper propagiert die Offenheit der Welt. Nicht nur der Mensch antwortet auf Probleme mit neuen kreativen Lösungsvorschlägen, auch das Universum ist ein groß angelegter schöpferischer Problemlösungsprozess.

Mit der Anerkennung der indeterministischen Auffassung, dass alle Uhren im Grunde Wolken sind, ist nach Popper ein erster Schritt zur Begründung menschlicher Freiheit getan. Doch diese ist mehr als ein bloßer physikalischer Zufall. Zum Verständnis des vernünftigen menschlichen Verhaltens »… brauchen wir etwas zwischen reinem Zufall und reinem Determinismus, etwas zwischen vollkommenen Wolken und vollkommenen Uhren«. (OE 254) In freien Entscheidungen spielen nach Popper Pläne, Theorien, Absichten und Werte eine Rolle. Da es sich dabei aber um nichtphysikalische Gebilde handelt, stellt sich die Frage, ob diese einen Einfluss auf das menschliche Verhalten erlangen können. Für Popper wird einerseits das menschliche Denken durch Theorien beeinflusst, andererseits aber bleibt dem Menschen eine freie Wahl zwischen konkurrierenden Theorien. Damit war das entscheidende Problem seines Spätwerks aufgeworfen: die ontologische Frage nach den grundlegenden Arten von Wirklichkeit und der Beziehung zwischen der physikalischen und einer nichtphysikalischen Welt. Ein weiteres klassisches Thema der Metaphysik lag auf dem Tisch: das Leib-Seele-Problem.

So verbreitet ist unter Fachleuten und sogar unter Laien eine gewisse Theorie über das Wesen und die Stellung des Geistes, daß sie wohl als die offizielle Doktrin angesprochen werden kann. Die Mehrzahl der Philosophen, Psychologen und Religionslehrer bekennt sich, mit unwesentlichen Vorbehalten, zu ihren Hauptartikeln … Die offizielle Lehre stammt hauptsächlich von Descartes und lautet ungefähr so: Jedes menschliche Wesen, mit der möglichen Ausnahme von Schwachsinnigen und kleinen Kindern, hat sowohl einen Körper als auch einen Geist. Einige

Wider den Materialismus: die 3-Welten-Theorie

Poppers so genannte »3-Welten-Theorie«, die in enger Kooperation mit John C. Eccles entstanden ist, hat eine Vorgeschichte, die bis in die frühen 50er-Jahre zurückreicht. In einem Brief an Eccles vom 29. September 1952 erklärt Popper, dass er in der Sprache den Schlüssel zur Lösung des Leib-Seele-Problems sieht, da deren verschiedene Funktionen sich nicht mit behavioristischen Theorien erklären lassen. Ganz ähnlich entwickelt er in dem kurzen Aufsatz ›Die Sprache und das Leib-Seele-Problem‹ (1953) die Ansicht, dass der menschliche Geist eine nichtphysikalische Art von Wirklichkeit sein muss. (VuW 425 ff.)

Damit hatte Popper begonnen, sich von der in der analytischen Philosophie vorherrschenden Meinung zum Leib-Seele-Problem zu distanzieren. Diese war von Anfang an durch eine ausgesprochen polemische Haltung zu dem auf Descartes zurückgehenden Leib-Seele-Dualismus gekennzeichnet. Dass die Seele kein vom Körper unabhängiges Dasein hat und daher auch keine unvergängliche Substanz sein kann, galt weitgehend als ausgemacht. Gilbert Ryle hat den Leib-Seele-Dualismus in seinem einflussreichen Buch ›Der Begriff des Geistes‹ (1949) als »Cartesischen Mythos« und als »Dogma vom Gespenst in der Maschine« heftig attackiert und auf Fehldeutungen unserer Sprache zurückzuführen versucht. Nach Ryles behavioristischer Auffassung sind Geist und Bewusstsein nichts anderes als Dispositionen zum Handeln. Weite Verbreitung fand seit Ende der 50er-Jahre die unter anderem von Poppers

ziehen wohl vor zu sagen, jedes menschliche Wesen sei sowohl Körper wie Geist. Körper und Geist sind gewöhnlich zusammengespannt, aber nach dem Tode des Körpers kann der Geist möglicherweise allein fortbestehen und seine Funktionen ausüben … So lautet kurz die offizielle Lehre. Ich werde oft mit absichtlicher Geringschätzung von ihr als dem ›Dogma vom Gespenst in der Maschine‹ sprechen. Ich hoffe zu zeigen, daß sie ganz und gar falsch ist …

Gilbert Ryle, ›Der Begriff des Geistes‹ (1949)

Freund Herbert Feigl vertretene Identitätstheorie. Sie ist eine moderne Form von Materialismus, die Bewusstseinszustände als identisch mit bestimmten Hirnprozessen deutet. Popper steuerte demgegenüber auf eine Erneuerung der dualistischen Auffassung vom »Gespenst in der Maschine« hin.

Aufschluss über Wesen und Besonderheit des menschlichen Geistes will Popper durch eine Untersuchung der Funktionen der Sprache gewinnen. Dazu greift er auf die Sprachtheorie seines alten Lehrers Karl Bühler zurück. Den drei von Bühler unterschiedenen Sprachfunktionen fügt er noch die argumentative Funktion hinzu. Die menschliche Sprache erlaubt es, auch Beschreibungen hinsichtlich ihrer Wahrheit (oder Wahrheitsnähe) zu kritisieren.

Die Entwicklung der beiden höheren, spezifisch menschlichen Sprachfunktionen hat nach Popper entscheidende Bedeutung in der Evolution des Menschen gehabt, insofern Sprache und kritische Vernunft sich zusammen entwickelten. Mit der sprachlichen Darstellung von Tatsachen wurden Überzeugungen und Meinungen von ihren Trägern in gewisser Weise unabhängig. Sind Gedanken von einer Person erst einmal sprachlich formuliert, dann können sie als objektivierte Gedanken (»objektiver Geist«) von anderen Menschen kritisiert und weiterentwickelt werden. Mit der Entwicklung der Sprache setzt daher nach Popper eine neue, potenziell gewaltlose kulturelle Evolution ein: Während bei Tieren falsche Vorstellungen über die Welt zur Schädigung oder zum Tod ihres Trägers führen, erlaubt die menschliche Sprache die Kritik und Elimination von Irrtümern, ohne ihre Vertreter zu beeinträchtigen.

Karl Bühler vertrat die Auffassung, dass die menschliche Sprache drei grundlegende Funktionen hat. Ausdrucksfunktion und Appellfunktion finden sich bereits bei den Tiersprachen. Die Sprache dient Mensch und Tier dazu, innere Zustände wie Gefühle auszudrücken und durch Signale Reaktionen bei anderen Organismen auszulösen. Nur die menschliche Sprache verfügt darüber hinaus über die Darstellungsfunktion. Nur der Mensch kann Tatsachen der Welt in seiner Sprache beschreiben.

Kritik und Falsifikation treten damit als zweite Form von Selektion neben die natürliche Auslese.

Poppers Metaphysik liegt in gewisser Weise eine Ontologisierung der Bühlerschen Sprachtheorie zugrunde. Die Darstellungsfunktion und insbesondere die argumentierende Funktion der Sprache sind bei ihm auf einer nichtphysikalischen Ebene der Wirklichkeit angesiedelt, die er später »Welt 3« nennen sollte. In den beiden Aufsätzen ›Erkenntnistheorie ohne erkennendes Subjekt‹ (1967) und ›Zur Theorie des objektiven Geistes‹ (1968) hat er seine »3-Welten-Theorie« bereits in den Grundzügen vorgelegt. Voll entfaltet hat er sie freilich erst in dem gemeinsam mit Eccles verfassten Spätwerk ›Das Ich und sein Gehirn‹ (1977).

Im September 1972 nahmen Popper und Eccles am Comer See an einer Konferenz über »Reduktionismus in der Wissenschaft« teil. Aus diesem Aufenthalt entwickelte sich einer der wichtigsten Dialoge über das Leib-Seele-Problem, die im 20. Jahrhundert geführt wurden. Anders als die meisten seiner Berufskollegen hielt auch Eccles den menschlichen Geist für ein nichtphysikalisches Phänomen. Nach intensiven Diskussionen fragte Popper Eccles, ob er mit ihm

54 Popper, Eccles und Hans Albert (Mitte) als Moderator in Alpbach (1984)

zusammen ein Werk über das Leib-Seele-Problem verfassen wolle. Man beschloss, den *genius loci* der wunderschön gelegenen Villa Serbelloni, die der Rockefeller-Stiftung gehörte, für den weiteren kreativen Austausch zu nutzen. Gemäß ihrem Antrag wurde beiden Forschern ein Aufenthaltsstipendium für den September 1974 gewährt. Die Frauen der Philosophen sollten den Part der Sekretärinnen spielen. Als sie die Villa bezogen, hatte Popper den Titelvorschlag ›The Self and Its Brain‹ bereits mitgebracht.

In der ruhigen und abgeschiedenen Atmosphäre am Comer See verbrachten Popper und Eccles ihre Tage mit Schreiben, aber auch mit langen Spaziergängen und Gesprächen, bis man bemerkte, dass viele wichtige Gedanken und Argumente verloren gingen, wenn man sie nicht aufzeichnete. So wurde ein »organisierteres« Vorgehen vereinbart: Man kaufte Tonbänder, die man auf den Spaziergängen mitnahm. Das Mikrofon wurde immer dem jeweiligen Sprecher übergeben. An den ersten beiden Tagen absolvierte man jeweils zwei Dialoge, einen vormittags und einen nachmittags. Dies wurde allerdings zu anstrengend, so dass man sich dann auf einen Dialog pro Tag beschränkte. Die Spaziergänge wurden nur durch kurze Pausen unterbrochen. Abends erholte man sich beim Schwimmen. Diese vom 20. bis zum 30. September aufgezeichneten und später nur minimal bearbeiteten Dialoge wurden als Teil 3

Wir haben dieses Buch geschrieben, weil wir beide der Ansicht sind, daß die Herabsetzung des Menschen und seiner Leistungen weit genug getrieben worden ist – in der Tat, zu weit. Es heißt, wir sollten von Kopernikus und Darwin lernen, daß die Stellung des Menschen im Universum nicht so erhaben ist oder so einzigartig, wie wir es einst angenommen hatten. Das mag sein. Doch seit Kopernikus haben wir auch zu verstehen gelernt, wie wunderbar, wie selten und vielleicht einzigartig unsere kleine Erde in diesem großen Universum ist; und seit Darwin haben wir vieles über die wunderbare Organisation aller Lebewesen auf Erden gelernt sowie über die einzigartige Stellung des Menschen unter seinen Mitgeschöpfen.

Popper und Eccles im Vorwort zu ›Das Ich und sein Gehirn‹ (IuG 13 f.)

in das spätere Buch aufgenommen. In ihnen werden die Probleme und Konsequenzen ihrer jeweiligen Positionen diskutiert, die Popper in Teil 1 aus philosophischer und Eccles in Teil 2 aus neurophysiologischer Sicht dargestellt haben.

›Das Ich und sein Gehirn‹

Das zentrale Anliegen ihres Buches haben Popper und Eccles im gemeinsamen Vorwort klar umrissen. Es geht ihnen darum, die Sonderstellung des Menschen im Universum zu bewahren. Ohne Freud beim Namen zu nennen, wenden sie sich gegen die von ihm beschriebenen und gutgeheißenen drei großen »Kränkungen« der »menschlichen Größensucht«.

In seiner Theorie der Freiheit war Popper zu der Auffassung gelangt, dass menschliches Handeln durch physikalische Ursachen allein nicht erklärt werden kann, sondern dass dazu verschiedene nichtphysikalische Faktoren wie Absichten, Überlegungen, Ideen oder Theorien herangezogen werden müssen. Unter diesen Faktoren können nun nach Popper zwei grundverschiedene Arten differenziert werden. Zunächst handelt es sich bei Phänomenen wie Absichten, Überlegungen, Gefühlen oder Affekten um Zustände oder Prozesse der menschlichen Psyche. Davon zu unterscheiden sind jedoch Phänomene wie Ideen, Theorien oder Gedanken, die ein von den Bewusstseinszuständen der menschlichen Individuen unabhängiges Dasein haben. Damit sind die drei Grundelemente von Poppers »3-Welten-Theorie« gegeben: Die Gesamtheit der physikalischen Prozesse der Natur, also die materielle Welt, ist Welt 1, die Gesamtheit der psychischen Prozesse ist Welt 2 und der Bereich der gedanklichen Inhalte ist Welt 3. Welt 1 und Welt 2 entsprechen ganz der herkömmlichen Unterscheidung von Leib und Seele bzw. Körper und Geist. Welt 3 der geistigen Gehalte hat, wie Popper selbst betont hat, eine gewisse Ähnlichkeit mit Platons Ideen und mit Freges Annahme eines Reichs objektiver Gedankeninhalte. Die Annahme von Welt 3 bedeutet also eine Form von »Platonismus«, aber eine solche, die sich von den herkömmlichen Positionen des »Universalienrealismus« oder des »idealen Seins« unterscheidet. Die Gegenstände von Welt 3 sind nämlich kein ewiges, unveränderliches Sein, sondern Produkte des menschlichen Denkens.

Ein spezifisch Poppersches Element ist die Verknüpfung dieses neuen »Platonismus« mit der Evolutionstheorie. Popper geht wie selbstverständlich davon aus, dass die Evolution des Kosmos und des Lebens stufenweise neue Formen der Materie und des Lebens hervorgebracht hat. Es sind schlichte Tatsachen, dass es in der kosmischen Evolution lange Zeit keine Organismen gab, dass in der Evolution des Lebens organische Wesen mit Bewusstsein erst relativ spät hervortraten und dass es vor dem Auftreten des Menschen mit seiner Fähigkeit kritischer Vernunft auch keine Theorien und Gedanken gab. Der Bereich des Seelisch-Geistigen (Welt 2) ist somit ebenso ein evolutionäres Produkt der physischen Natur (Welt 1), wie der Bereich der gedanklichen Inhalte (Welt 3) seinerseits ein evolutionäres Produkt des menschlichen Geistes (Welt 2) ist. Keine dieser Stufen der Evolution war nach Popper vorhersehbar, noch kann sie aus der jeweils früheren Stufe erklärt werden.

Doch nicht nur die stammesgeschichtliche Entstehung des Geistes betrachtet Popper als Tatsache, sondern auch den physiologischen Befund, dass das Gehirn die materielle Basis des Geistes ist, dass es also kein Bewusstsein ohne funktionierendes Gehirn gibt. Auch Theorien und Gedanken bleiben immer an verstehende Subjekte gebunden. Bücher, in denen Gedanken objektiviert sind, sind ohne lesende Menschen bloß physische Gegenstände. Gleichwohl glaubt Popper, und darin liegt eine entscheidende Differenz zwischen ihm und jeder Art von Materialismus, dass der Geist als Produkt der Materie und Theorien als Produkte des menschlichen Geistes eine partielle Selbstständigkeit erlangen. Die Materie wächst, wie Popper sagt, in Welt 2 und Welt 3 gleichsam über sich hinaus. Diese Selbstständigkeit des Geistes kommt bereits im Titel ›Das Ich und sein Gehirn‹ ebenso programmatisch wie provokativ zum Ausdruck. Während nach materialistischer Sicht der menschliche Geist ein bloßes Anhängsel physikalischer Prozesse ist oder schlicht mit ihnen identisch ist, betrachten Popper und Eccles das Gehirn gleichsam als Instrument oder Organ des Geistes. Die Selbstständigkeit des Bewusstseins bedeutet jedoch keineswegs, dass der Geist eine unvergängliche Substanz im Sinne Descartes' ist. Bewusstsein muss vielmehr als Prozess verstanden werden, in dem sich die Identität des Ich stets neu bildet. (IuG 186, 200) Das Zusammenbestehen von Unabhängigkeit und Erzeugtsein von Welt 3 ist das Ergebnis von Poppers bemerkenswertem aber umstrittenen Versuch, Platonismus und Evolutionstheorie zu verbinden. Der Materialismus steht, wie Popper mit Nachdruck herausstellt, mit dem Darwinismus in Widerspruch, weil ein Organ ohne Funktion biologisch überflüssig ist und sich im »Überlebenskampf« gar nicht hätte herausbilden können.

Mit seiner 3-Welten-Theorie glaubt Popper neues Licht auf das Leib-Seele-Problem werfen zu können. Das Ich erhält eine zentrale Rolle in den drei Welten, insofern es als Vermittler zwischen Welt 1 und Welt 3 fungiert. Es empfängt die Einwirkung der physischen Welt in der Wahrnehmung und verändert handelnd die physische Welt; andererseits schafft das Ich Theorien (Welt 3) und setzt im Handeln Theorien wieder in die physische Realität um. Dass das Ich mit beiden Seiten, also mit der physischen und der geistig-abstrakten Welt, in Wechselwirkung steht, ist der Inhalt von Poppers zentraler These des »Interaktionismus«. Und indem die Psyche mit dem Körper einerseits und der objektiv geistigen Welt andererseits in Wechselwirkung steht, vollzieht sich nach Popper die Entwicklung von Gehirn und Psyche in Wechselwirkung mit ihren eigenen Produkten. Popper will diese Position als Forschungsprogramm verstanden wissen, das weiter ausgearbeitet und überprüft werden müsse. (IuG 62)

Endlichkeit und Sinn menschlichen Lebens
Popper hat seine 3-Welten-Theorie mit dem Ziel vorgelegt, die durch die neuzeitlichen Wissenschaften eingeleitete Herabsetzung des Menschen zur »Maschine« zu beenden und damit zur Erneuerung des Kantschen Menschenbildes beizutragen. Der Mensch als freies, vernünftiges Wesen kann nach seiner Ansicht kein bloß materielles Gebilde sein. Die materialistische Auffassung, die ihn als eine, wenn auch komplizierte, Maschine betrachtet, tendiert nach Popper dazu, eine humanitäre Ethik zu untergraben. Anders als bei Kant, für den der Kern der menschlichen Person jenseits der empirischen Natur liegt, gehört das menschliche Ich-Bewusstsein nach Popper zur immateriellen Welt 2, und damit zwar nicht zur physischen Natur, aber doch zur empirisch zugänglichen Welt. Damit verknüpft ist ein wichtiger Unterschied zwischen Kant und Popper in ihrer Haltung zur Religion und zu den »letz-

55 Immanuel Kant

ten Fragen« der Metaphysik. Gott und Unsterblichkeit der Seele bleiben für Kant zwar unbeweisbar, aber doch Gegenstände eines »Vernunftglaubens«. Popper hat sich demgegenüber mit Äußerungen zu den metaphysischen Fragen nach der Existenz Gottes, der Unsterblichkeit der Seele und dem Sinn der Welt und des Lebens auffällig zurückgehalten. Angesichts dieser »letzten Fragen« hat er die menschliche Unwissenheit betont und sich als Agnostiker bezeichnet.

In seinen Diskussionen mit Eccles hat Popper im elften Dialog gleichwohl seine Einstellung zur Religion und zur Frage der Unsterblichkeit der Seele erläutert. Anders als Eccles, der einen übernatürlichen Ursprung des Geistes postuliert und auch an ein Weiterleben nach dem Tode glaubt, hat Popper eine solche Deutung der 3-Welten-Theorie abgelehnt. Er findet bereits die Vorstellung eines ewigen Lebens der Seele wenig attraktiv, die nichts anderes wäre als »eine Art von geisterhafter Halbexistenz nach dem Tode, eine Existenz, die nicht nur geisterhaft ist, sondern die wohl auch intellektuell auf einer besonders niederen Stufe steht – auf einer niedereren Stufe als der Normalzustand menschlicher Dinge«. (IuG 654)

Die Vorstellung einer unsterblichen Seele ist aber nicht nur unattraktiv, sondern sie lässt sich nach Popper auch nicht mit der Evolutionstheorie vereinbaren. Popper betrachtet es schlicht als Faktum, dass das Gehirn die physische Basis des Geistes darstellt. Für Poppers kritisch-rationale Einstellung hat sich die Frage nach einer unsterblichen Seele mit dieser wissenschaftlichen Bestandsaufnahme im Wesentlichen erledigt. Es war ihm völlig fremd, unabhängige oder gar im Widerspruch zu den Wissenschaften stehende Spekulationen über ein mögliches transzendentes Dasein des Geistes anzustellen.

Andererseits hat Popper auch nie, wie der Existenzialismus, das Fehlen eines vorgegebenen transzendenten Sinns als »absurd« dramatisiert. Wert und Sinn des Lebens hängen nach seiner Ansicht gerade mit der Endlichkeit des Lebens zusammen. In der Diskussion mit Eccles hat er in diesem Sinne sein philosophisches Credo zum Verhältnis von Leben und Tod formuliert: »Ich glaube, wir könnten das Leben nicht wirklich schätzen, wenn es immer weitergehen würde. Gerade die Tatsache, daß es gefährdet ist, daß es endlich und begrenzt ist, daß wir seinem Ende ins Auge sehen müssen, erhöht meiner Meinung nach den Wert des Lebens und damit sogar den Wert des Todes ...« (IuG 654f.)

Letzte Jahre: Verlust und Neubeginn, Zeitkritik und Zeitenwende

Als 1982, zum 80. Geburtstag Poppers, die von Paul Levinson herausgegebene Festschrift ›In Pursuit of Truth‹ erschien, u. a. mit Beiträgen von alten Freunden wie Gombrich und Eccles, hatte Popper neben Russell, Wittgenstein und Heidegger längst den Status eines Klassikers der Philosophie des 20. Jahrhunderts erlangt. Der Erhebung in den Adelsstand 1965 folgte 1980 u. a. der deutsche Orden Pour le Mérite für Wissenschaften und Künste und das österreichische Ehrenzeichen für Wissenschaft und Kunst, der Companion of Honour 1982 und 1983 schließlich das bundesdeutsche große Verdienstkreuz mit Stern und Schulterband. Doch von einem Rückzug ins Private konnte noch keine Rede sein. Popper publizierte nicht nur in einem erstaunlichem Umfang weiter, er nahm auch wieder verstärkt zu Zeitereignissen Stellung und griff in öffentliche Debatten ein. Auch war es ihm noch vergönnt, die epochale politische Wende 1989/90 mitzuerleben und sich in seinen politischen Grundüberzeugungen bestätigt zu sehen.

Popper war das Kind eines stürmischen Jahrhunderts: Er hatte in seiner ersten Lebenshälfte das Ende des alten Mitteleuropas, die totalitären Systeme des Kommunismus und Faschismus, zwei Weltkriege und das Exil erlebt. In seiner zweiten Lebenshälfte war er, im wörtlichen wie im übertragenen Sinne, in der liberalen Demokratie angelsächsischer Prägung angekommen. Öffentliche Kritik am Westen blieb für ihn tabu. Die Überzeugung, dass dies die beste aller bisher verwirklichten Welten war, hat ihn nie verlassen. Er

---

Noch mit über achtzig Jahren passierte es ihm fast wöchentlich, daß er so fieberhaft in seine Arbeit vertieft war, daß er einfach nicht aufhören und ins Bett gehen konnte.

Bryan Magee, ›Bekenntnisse eines Philosophen‹ (1998)

sah ihre Defizite und ihre sozialen Ungerechtigkeiten, aber keine prinzipiellen Alternativen.

Auch seine in den 80er-Jahren publizierten Aufsätze wie ›Zur Theorie der Demokratie‹ (1987) und ›Bemerkungen zur Theorie und Praxis des demokratischen Staates‹ (1988) stellen das Vorbild angelsächsischer Institutionen heraus. So machte er sich immer wieder zum Fürsprecher des britischen Mehrheitswahlrechts mit dem Argument, dass Legitimation durch Repräsentation nicht ausreiche, um eine Demokratie zu begründen. Auch Diktaturen können sich zuweilen auf Mehrheits- oder Parlamentsentscheidungen stützen. Es komme nicht so sehr darauf an, dass das Volk proportional repräsentiert werde, als vielmehr darauf, dass das Volk die Mittel habe, die Herrschenden zu beurteilen und abzuwählen. Das in vielen kontinentaleuropäischen Staaten praktizierte Verhältniswahlrecht beruht nach Popper auf der falschen Vorstellung einer Volksrepräsentation, die sich aber selbst *ad absurdum* führt. Denn es verschaffe kleineren Parteien unzumutbar viel Einfluss auf die Regierungsbildung und biete einer abgewählten Partei die Möglichkeit, durch die Hintertür einer Koalition die Macht zu erhalten. Das in Großbritannien vorherrschende Zweiparteiensystem begünstige demgegenüber den klaren Wechsel von Opposition zur Regierung und umgekehrt. Ein weiteres Argument Poppers zielt auf einen auch in den kontinentalen Demokratien selbst empfundenen Missstand. Innerhalb des Verhältniswahlrechts ist der Abgeordnete mehr seiner Partei als den Wählern seines Wahlkreises verpflichtet. Die entstehende Parteiendemokratie blockiert den Einfluss der Wählerbasis. In Großbritannien dagegen, so Popper, ist

Ich stehe unserer heutigen Gesellschaft sehr kritisch gegenüber. Da ließe sich viel verbessern. Aber unsere liberale Gesellschaftsordnung ist die beste und gerechteste, die es bisher auf Erden gab.

Popper (LP 285)

durch das Prinzip der lokalen Repräsentation der Abgeordnete stärker an die unmittelbaren Bedürfnisse seiner Wählerschaft angebunden. Poppers Einschätzung wird durch das parlamentarische Verhalten britischer Abgeordneter bestätigt, die im Gegensatz zu Deutschland häufig gegen ihre eigene Partei stimmen. Es wird auch bestätigt durch die z. B. in Deutschland entstandene, von der Verfassung nicht vorgesehene und vom Wähler kaum zu beeinflussende Macht- und Vermögenskonzentration in den Parteien.

Popper hat sich in der Entwicklung seiner politischen Anschauungen immer im Rahmen des westlichen Demokratiekonsenses bewegt. Doch innerhalb dieses Spektrums rückte er im Laufe der Jahre nach rechts: vom demokratischen Sozialisten zum liberalen Sozialdemokraten und schließlich zum konservativen Liberalen im Sinne Hayeks. So konnte er auch der konservativen britischen Premierministerin Margaret Thatcher einiges abgewinnen, obwohl er nicht alle ihre Ansichten teilte. Thatcher selbst bezeichnete Hayek und Popper als ihre »Gurus«.

Entsprechend sah er nun in der Tradition Kants, Wilhelm von Humboldts und Mills die vornehmliche Aufgabe des Staates darin, die Freiheitsräume des Individuums zu schützen und nicht in das Leben der Individuen einzugreifen. In diesem Sinne unterstützte er die Idee eines »Ministaats«. Doch diese Unterstützung ging nicht so weit wie in

56 Margaret Thatcher

der radikalliberalen Theorie Robert Nozicks, der mit dem Begriff des »minimal state« auch jede Art der Staatsfürsorge ablehnt. Popper betrachtete den Ministaat lediglich als »regulatives Prinzip«.

Für Popper war die westliche Demokratie, gerade weil sie Freiheit schützt, Macht kontrolliert und die Arbeit an Reformen erlaubt, das erfolgreichste und effizienteste Herrschaftssystem. Die Freiheit schafft den Raum für Diskussion und Verbesserungen. Geschlossene Gesellschaften, die sich gegen Kritik immunisieren, blockieren notwendige Reformen und Weiterentwicklungen. Popper wies demgegenüber immer wieder auf den beispiellosen Erfolg der Demokratien des Westens hin, der es rechtfertige, »auf weitere Verbesserungen zu hoffen«. (NW 49)

Sein politischer Optimismus, gepaart mit seinem Vertrauen in die Rationalität und die humanitäre Funktion wissenschaftlicher Forschung, brachte ihn dagegen in einen grundsätzlichen Konflikt mit den ökologischen Bewegungen, die sich seit den 70er-Jahren in Westeuropa, vornehmlich jedoch in Deutschland ausbreiteten. Die Warnungen des »Club of Rome« vor einer möglichen Selbstzerstörung des Menschen durch hemmungslosen Raubbau an den natürlichen Umweltressourcen hielt er für maßlos übertrieben. Umweltzerstörung war für ihn ein konstanter Faktor der menschlichen Geschichte. In den durch die moderne Industriegesellschaft angerichteten Schäden sah er daher keine neue Qualität. Er betrachtete es vielmehr als Verdienst der modernen Wissenschaft und Gesellschaft, dass der Mensch heute besser als jemals zuvor in der Lage ist, ökologische Fehlentwicklungen zu korrigieren. Popper sah

---

Wir brauchen die Freiheit, um den Mißbrauch der Staatsgewalt zu verhindern, und wir brauchen den Staat, um den Mißbrauch der Freiheit zu verhindern.

Popper über die Aufgabe des Staates (LP 227)

die Grünen in den verhängnisvollen, romantisierenden Traditionen der deutschen Geistesgeschichte. Der antirationalistische Reflex gegen Aufklärung und Moderne, wie er ihn z. B. auch in der Philosophie Heideggers am Werk sah, verband sich in seinen Augen dabei auf politischer Ebene mit einem Antiamerikanismus, der besonders im Pazifismus der Friedensbewegung zum Ausdruck kam. Als Exilant, der erfahren hatte, dass das pazifistische Stillhalten gegenüber Hitler diesen in seinen Aggressionen nur ermutigt hatte und dass eine totalitäre Diktatur wie der deutsche Faschismus nur durch Waffengewalt zu Fall gebracht werden konnte, stand Popper einem bedingungslosen Pazifismus ablehnend gegenüber.

Er trat deshalb auch für das Recht der Demokratien ein, gegen Diktaturen, die den Frieden bedrohten, mit Gewalt vorzugehen. Dieses Recht fasste er sehr weit. Er unterstützte nicht nur den 1991 geführten Golfkrieg gegen den irakischen Diktator Saddam Hussein, sondern befürwortete auch die Idee einer westlichen Eingreiftruppe.

Mitte der 80er-Jahre kam es für Popper noch einmal zu einem schwierigen persönlichen Umbruch. Im Spätsommer 1985 war Hennies Krankheit in ihre letzte Phase eingetreten. Sie wollte ihre letzten Tage in Wien in der Nähe ihrer Familie verbringen. Die Poppers verließen London und mieteten im Westen Wiens ein großes Haus. Hennie verstarb im November desselben Jahres und wurde, wie viele ihrer Familienmitglieder, auf dem kleinen katholischen Lainzer Friedhof begraben. Franz Kreuzer, inzwischen Minister im Wiener Kabinett, versuchte alles, um Popper in

> Ich habe immer die Natur bewundert. Aber ich weiß, daß nur die Wissenschaft uns helfen kann, die Schäden, die selbstverständlich durch uns in der Welt entstehen, einigermaßen zu korrigieren. Schon Käfer und Falter haben Wälder vernichtet. Schon die Römer haben Wüste und Karste geschaffen … Die Annahme, daß dies erst seit der modernen Industrie, der Technik, der Wissenschaft so sei, ist einfach falsch. Und es war die Wissenschaft, die den Michigansee und den Züricher See gerettet hat.
>
> *Popper über Umweltzerstörung und Wissenschaft (NW 31 f.)*

Österreich zu halten. Er bot ihm die Leitung eines neu zu gründenden Ludwig Boltzmann Instituts in Wien an. Popper überdachte das Angebot, sagte schließlich aber ab. Das Wien seiner Kindheit und Jugend, das brodelnde Kulturzentrum Mitteleuropas, gab es nicht mehr. Im neuen Wien der Zweiten Republik war er ein Fremder. Seine Freunde und Bekannten von einst lebten in der Welt verstreut, England hatte ihm eine neue Heimat geboten. Im Sommer 1986 entschied er sich zur Rückkehr.

Doch er blieb nicht in Fallowfield. In seinen letzten Jahren gewann eine Frau immer mehr Bedeutung in seinem Leben, die seit 1982 im Hause Poppers als Sekretärin arbeitete: Melitta Mew, eine gebürtige Österreicherin. Sie wurde ihm in seinem letzten Lebensjahrzehnt eine unverzichtbare Hilfe der Lebensbewältigung. Popper verkaufte sein Haus und zog in die Nähe der Mews nach Kenley in der Grafschaft Surrey. Auch das neue Haus lag an einer abgelegenen Privatstraße, um ungebetene Besucher zu entmutigen. Es war jedoch etwas geräumiger, um, wie Popper vorausschauend plante, eine eventuell notwendige Pflegekraft aufnehmen zu können. Melitta Mew organisierte nun sein Leben. Sie und ihr Mann Raymond nahmen Popper sogar mit in Urlaub. Poppers 1994 veröffentlichte Vorlesungen zum Leib-Seele-Problem, ›Knowledge and the Mind-Body Problem‹, enthält die Widmung: »Für Melitta«.

Popper überwand den Tod Hennies. Seine letzten Jahre waren glücklich. Hochrangige Besucher kamen in sein Haus, an seinen Geburtstagen wurden kleine Lunch-Partys für Freunde arrangiert. Weitere internationale Ehrungen wurden ihm zuteil wie die Verleihung der Goethe-Medaille

57 Popper und Franz Kreuzer (links neben Popper, 1989)

in Weimar, der angesehene japanische Kyoto-Preis 1992 und die Otto Hahn-Friedensmedaille 1993. Auch finanzielle Sorgen war er endlich los. Er begann sich nun einen alten Traum zu erfüllen und antiquarische Bücher zu kaufen, darunter Erstausgaben von Werken Galileis, Keplers, Hobbes', Humes und Kants. Damit entschädigte er sich ein wenig für den Schmerz, den ihm der Verlust der väterlichen Bibliothek zugefügt hatte. Allerdings hatte er seit seiner Augenoperation Probleme mit dem Lesen, so dass Hennie und später Melitta Mew ihm vieles vorlesen mussten. Auch sein Gehör ließ im Alter erheblich nach.

Popper, der so viele historische Umwälzungen erlebt hatte, wurde in den Jahren 1989/90 auch noch Zeuge des Zusammenbruchs der kommunistischen Staaten Osteuropas. Schon in den Jahrzehnten zuvor hatte seine politische Philosophie dort ihre emanzipatorische Wirkung entfaltet. Ein polnischer Student versicherte ihm 1982, er sei der eigentliche Theoretiker der polnischen Demokratiebewegung der Jahre 1980/81. Der ungarische Emigrant und Geschäftsmann George Soras gründete den »Open Society Fund« zur Unterstützung demokratischer Emanzipation.

Die Veränderungen der politischen Landkarte zugunsten der westlichen Demokratie bestätigten seinen Optimismus und seinen aufklärerischen Glauben an die Kraft der Vernunft. Den Zusammenbruch der kommunistischen Welt kommentierte er in einem Vortrag, den er 1992 auf der Weltausstellung in Sevilla hielt, zusammenfassend mit

58 Poppers Sammlung antiquarischer Bücher

den Worten: »Der Marxismus ist am Marxismus gestorben« (LP 302), nämlich an seinen falschen Geschichtsprognosen und an der Tatsache, dass seine politischen Vertreter nicht mehr an die eigene Sache geglaubt haben.

Vor allem in den neuen Demokratien Ostmitteleuropas vergaß man Poppers philosophischen Beitrag zur friedlichen Revolution nicht. Zu seinen Verehrern zählte auch der tschechische Staatspräsident Václav Havel, aus dessen Händen er 1994 in Prag den Open Society Preis empfing.

Im Zuge der Wende teilte Popper die in England verbreitete Sorge vor einem wiedervereinigten Deutschland. Er lehnte die Wiedervereinigung nicht ab, befürwortete aber einen in Etappen sich vollziehenden Prozess. Er machte auf die enorme Rüstungsindustrie in beiden deutschen Staaten aufmerksam und ermahnte die Deutschen, die Nachkriegsgrenzen zu akzeptieren. Doch ein aus der Erfahrung gespeistes Unbehagen konnte er nicht verbergen. Popper konnte sich nur mit einem Deutschland anfreunden, das sich an die politischen Traditionen des Westens anschloss.

Unabgeschlossene Meditationen über Kosmos, Leben und Erkenntnis

Poppers philosophisches Hauptinteresse galt in seinen letzten Jahren aber nach wie vor Fragen der Kosmologie, der Evolutionstheorie und der Erkenntnistheorie. Wie die frühgriechischen Denker meditierte er über den Kosmos und seine Entwicklung, über die Evolution des Lebens und des Wissens. 1982/83 erschien endlich, von William Bartley herausgegeben, das zu drei Bänden ausgearbeitete ›Postscript‹.

Es ist interessant, daß sich die Revolution im Osten gegen die Despotie des Kommunismus ganz nach einem Gesetz vollzieht, das ich vor langer Zeit Platons Gesetz der Revolution genannt habe. Eine despotische Klasse löst sich auf, wenn sie den Glauben verliert, den Glauben an ihre Sendung, ihre Autorisation.

Popper über den Zusammenbruch des Kommunismus (NW 52)

59 Konrad Lorenz

Um seine Beziehung zu der vom Darwinismus inspirierten Evolutionären Erkenntnistheorie ging es bei einem Treffen, das er 1983 mit Konrad Lorenz hatte, dem Begründer der Evolutionären Erkenntnistheorie und Bekannten aus Wiener Kindertagen. Am 21. Februar 1983 trafen sich beide in Lorenz' Haus in Altenberg bei Wien zum Kamingespräch, das von Franz Kreuzer moderiert wurde. Sie besprachen vor allem Themen der Biologie und Erkenntnistheorie und stellten dabei weitgehende Übereinstimmung fest. Außer der Anerkennung eines »genetischen Apriori« waren sie sich unter anderem einig darin, dass die Evolution ein kreativer Prozess ist, der immer wieder zu neuen, unvorhersehbaren Lebensformen führt, dass die Zukunft des Kosmos und des Lebens offen ist und dass Lernen ein aktives Erforschen der Welt ist und keine passive Informationsaufnahme. Ein ernsthafter Dissens zeigte sich nur, als sich Lorenz von Poppers 3-Welten-Theorie distanzierte und sich als Anhänger der materialistischen Theorie einer Identität von Körper und Geist zu erkennen gab.

Bei verschiedenen Anlässen hat der späte Popper seine philosophischen Auffassungen erläutert, so etwa bei dem dreitägigen Wiener Popper-Symposium, an dem im Mai 1983 neben Anhängern des Kritischen Rationalismus wie William Bartley und Gerard Radnitzky auch Vertreter der Evolutionären Erkenntnistheorie wie Rupert Riedl und Ger-

Man hat den Deutschen Hitler hauptsächlich verziehen wegen einer Reihe von deutschen Politikern, die ernsthaft den Frieden wollten, von Konrad Adenauer bis zu Richard von Weizsäcker. Das hat schon sehr viel Eindruck gemacht. Ich glaube, man hat ihnen den Hitler verziehen, aber man fürchtet natürlich, daß ein anderer Hitler wiederkommen könnte. Und wer kann das ausschließen? Nur die Wachsamkeit der Deutschen kann es ausschließen. *Popper über die Deutschen (NW 55f.)*

60 Martin Heidegger

hard Vollmer teilnahmen, oder in verschiedenen Interviews mit Franz Kreuzer. Außerdem hat er in Publikationen seine Ansichten vom »offenen Universum« erneut dargelegt. So hat er in ›Eine Welt der Propensitäten‹ (1990) seine Theorie der Wahrscheinlichkeit als Verwirklichungstendenz dargestellt und in ›Knowledge and the Mind-Body Problem‹ (1994) seine These des Interaktionismus von Körper und Geist verteidigt.

Zu seiner philosophischen Lieblingsbeschäftigung hatte Popper in seinen letzten Jahren sich jedoch die Vorsokratiker ausgewählt. In ihren Theorien über die Entstehung des Kosmos und den Aufbau der Materie sah er nicht nur den Ursprung bedeutender Ideen, die zum Teil erst in der neuzeitlichen Naturwissenschaft voll zur Geltung kamen, sondern vor allem auch die Begründer der wissenschaftlichen, »kritisch-rationalen« Grundhaltung. Indem sie die Einführung einer neuen kosmologischen oder naturphilosophischen Theorie mit Kritik vorangegangener Theorien verknüpften, haben die Vorsokratiker nach Popper die Tradition kritischer Diskussion begründet.

Poppers Zugang zu den Vorsokratikern ist von der Martin Heideggers grundsätzlich verschieden. Heidegger hatte

---

Poppers Lieblinge unter den **Vorsokratikern** waren Xenophanes und Parmenides. Xenophanes schätzte er als Begründer der griechischen Aufklärung, und zwar nicht nur wegen dessen Kritik anthropomorphistischer Gottesvorstellungen, sondern vor allem auch wegen dessen Vorwegnahme der These, dass alles Wissen »Vermutungswissen« ist. Parmenides' »seltsame Theorie des bewegungslosen Blockuniversums« (WdP 193) deutete Popper dagegen als eine philosophische Ausdeutung der Entdeckung der Kugelform der

sich den frühen griechischen Philosophen zugewandt, weil er bei ihnen ein später verloren gegangenes, »ursprüngliches Seinsverständnis« gefunden zu haben glaubte. Im Gegensatz zu Heideggers Suche nach dem verlorenen »Sinn von Sein« hat Popper die kosmologischen und erkenntnistheoretischen Errungenschaften der Vorsokratiker herausgestellt und sie als Begründer der Traditionen von Wissenschaft und Aufklärung gewürdigt. Die englische Ausgabe der nachgelassenen Schrift ›Die Welt des Parmenides‹ (1998), an der er bis zuletzt arbeitete, trägt den bezeichnenden Untertitel ›Essays über die vorsokratische Aufklärung‹. Meditierend über die Ursprünge des europäischen Denkens und seine eigenen philosophischen Urahnen verbrachte der Kritische Rationalist die letzte Zeit seines langen Lebens.

Popper arbeitete und philosophierte bis zum Ende. Es war ihm ein Tod vergönnt, dem keine lange Leidenszeit voranging. Am Mittwoch, den 7. September 1994 wurde er in ein Krankenhaus im Londoner Stadtteil Croydon eingeliefert, um sich einer komplizierten Operation zu unterziehen. Obwohl er diese zunächst gut überstand, starb er am 17. September 1994 an nachträglich aufgetretenen Komplikationen. Gemäß seinem Willen wurde er verbrannt und seine Urne in Wien neben seiner Frau beigesetzt. Sein Haus vererbte er den Mews, die auch zu alleinigen Nachlassverwaltern bestimmt wurden. In einer Gedenkzeremonie am 12. Dezember 1994 an seiner alten Universität, der London School of Economics, wurde noch einmal die Fuge aufgeführt, die der junge Popper für das Wiener Konservatorium komponiert hatte.

Erde und des Mondes und sah in ihr den Ursprung aller »antipositivistischen« wissenschaftlichen Bestrebungen, die wahrnehmbare Welt der Erscheinungen durch eine zugrunde liegende Wirklichkeit zu erklären. Nicht zuletzt fand er aber bei Parmenides »das erste deduktive System« (WdP 208) der Welt überhaupt. In seinen Augen war Xenophanes der erste »Fallibilist« und Parmenides der erste »Deduktivist«.

Der Kritische Rationalist und seine Folgen: Aufklärung im Kontext der Moderne

Zusammen mit Bertrand Russell, Ludwig Wittgenstein und Martin Heidegger gehört Karl R. Popper zu den bedeutendsten Philosophen des 20. Jahrhunderts. Als Wissenschaftstheoretiker, politischer Philosoph und Metaphysiker nahm er gleichermaßen Impulse der mitteleuropäischen und der angelsächsischen Philosophietradition auf. Sein Kritischer Rationalismus ist die wichtigste Form, die sich die Aufklärung im Kontext der Moderne gegeben hat. Als legitimes Kind der Aufklärung ist er mehr als eine theoretisch-philosophische Position. Er ist, in den Worten des Kritischen Rationalisten Hans Albert, der »Entwurf einer Lebensweise«.

Vielleicht nicht sein geringstes Verdienst ist es, zur Stärkung der Rolle »kritischer Vernunft« in Philosophie, Wissenschaft und Öffentlichkeit maßgeblich beigetragen zu haben. Kritische Vernunft basiert nach Popper auf der Einsicht in die Fehlbarkeit menschlichen Denkens und Handelns, und sie zeigt sich in der Bereitschaft zur Kritik und zum Lernen aus Fehlern sowie in dem Bestreben, Ideen und Theorien in einer möglichst klaren Sprache zu formulieren. Ganz aufklärerisch ist auch Poppers Verständnis von Philosophie als aufgeklärtem Alltagsverstand. Dass

Alle Menschen sind Philosophen. Auch wenn sie sich nicht bewußt sind, philosophische Probleme zu haben, so haben sie doch jedenfalls philosophische Vorurteile. Die meisten davon sind Theorien, die sie als selbstverständlich akzeptieren: Sie haben sie aus ihrer geistigen Umwelt oder aus der Tradition übernommen ... Es ist eine Rechtfertigung der Existenz der professionellen oder akademischen Philosophie, daß es notwendig ist, diese weitverbreiteten und einflußreichen Theorien kritisch zu untersuchen und zu überprüfen.

Popper zu seinem Philosophieverständnis (SbW 201)

alle Menschen philosophische Ideen haben und dass das alltägliche wie das wissenschaftliche Denken Ausgangspunkt der Philosophie sind, gehört ebenso zu seinem Verständnis von kritischer Vernunft wie die Forderung, nicht nur den Alltagsverstand, sondern auch die Wissenschaften über sich selber kritisch aufzuklären.

Kritischer Rationalismus ist Antidogmatismus als Methode: Er postuliert ein gesundes Misstrauen gegen jede Art von Autorität und Expertentum, eine kritische Haltung gegenüber den Wissenschaften ebenso wie eine selbstkritische Einstellung der Wissenschaftler.

Zu dieser kritisch-rationalen Grundeinstellung gehört nicht zuletzt auch das Engagement für die alten aufklärerischen Ziele der Humanität, Freiheit und Toleranz, das sich aber der Grenzen menschlicher Möglichkeiten bewusst bleibt. Die Fundamentalkritik an der Moderne, wie sie eine »Dialektik der Aufklärung« geübt hat, teilt Popper nicht. Sein Optimismus, sein Glaube an den Menschen und an den wissenschaftlichen Fortschritt sind auch angesichts der Katastrophen des 20. Jahrhunderts nicht erschüttert worden.

Poppers Kritischer Rationalismus hat sowohl in der Philosophie als auch in den Wissenschaften und in der politischen Öffentlichkeit seine Wirkung entfaltet. Popper gilt unbestritten als der maßgebende moderne Wissenschaftstheoretiker. Als solcher ist er aus dem Umfeld des Wiener Kreises hervorgegangen und hat dessen wissenschaftliche Grundhaltung übernommen. Zu Poppers Epoche machenden Beiträgen zur modernen Wissenschaftstheorie gehören seine Abgrenzung von Wissenschaft und Nichtwissen-

Meiner Meinung nach ist Popper der größte Wissenschaftstheoretiker, der je gelebt hat.

Sir Peter Medawar, Nobelpreisträger für Medizin

Wissenschaft ist einfach Methode, und was diese Methode ist, hat uns Popper gesagt.

Hermann Bondi

schaft durch das Kriterium der Falsifizierbarkeit sowie seine Kritik der induktiven Methode und ihre Ersetzung durch die deduktiv-hypothetische Methode der Nachprüfung. Poppers Thesen, dass wissenschaftliche Theorien nicht verifiziert, sondern nur falsifiziert werden können und dass sie daher möglichst harten empirischen Tests unterworfen werden müssen, hat das Selbstverständnis moderner Wissenschaftler, wie zum Beispiel der Nobelpreisträger John C. Eccles, Peter Medawar und Jacques Monod, entscheidend geprägt. Breite Anerkennung hat ferner Poppers Auffassung gefunden, dass gerade auch Aussagen über Beobachtungen und Experimente stets hypothetisch bleiben, dass es also keine zweifelsfreie empirische »Basis« der Wissenschaften geben kann. Als besonders einflussreich hat sich die damit verknüpfte erkenntnistheoretische Position des Fallibilismus erwiesen: Die traditionellen Versuche, irgendeine Einsicht oder Instanz der menschlichen Erkenntnis als »absolut gewiss« oder als »notwendige Bedingung« des Denkens auszuzeichnen, haben seit Popper nur noch wenige Anhänger.

Im deutschen Sprachraum einflussreich wurden vor allem die Positionen, die Hans Albert und Paul Feyerabend im Anschluss an Poppers Wissenschafts- und Erkenntnistheorie entwickelt haben. Albert hat, ausgehend von Poppers Fallibilismus, einen »konsequenten Kritizismus« in den Sozial- und Geisteswissenschaften geltend gemacht und dabei auch dogmatische Denkweisen in der Theologie attackiert. Großes Aufsehen erregte seine Polemik gegen die von Karl-Otto Apel und Habermas unternommenen Versuche einer »Letztbegründung« moralischer Normen.

> Mir scheint das Falsifikationsprinzip oder das Prinzip der rationalen Kritik eine Art Zauberstab zu sein, mit dem Sir Karl viele Probleme angegangen hat, und zwar konstruktiv angegangen hat.
>
> *Gerhard Vollmer (ZO 91)*

Demgegenüber hat Feyerabend, Poppers umstrittenster Schüler, die These der Unbeweisbarkeit wissenschaftlicher Theorien gegen Popper gewendet und in seiner »anarchistischen« Erkenntnistheorie radikal skeptische und relativistische Thesen vertreten.

Poppers Erkenntnistheorie hatte auch großen Einfluss auf die von Konrad Lorenz begründete Evolutionäre Erkenntnistheorie. Zu den Philosophen, die sich in der Tradition des Kritischen Rationalismus um eine wissenschaftlich orientierte Ontologie und Naturphilosophie bemühen, gehören Mario Bunge, Gerhard Vollmer und Bernulf Kanitscheider.

Die große Popularität Poppers beruht vor allem auf seinen Beiträgen zur politischen Philosophie. Wie kein anderer moderner Denker hat er die unverzichtbare Rolle von Freiheit und Kritik in einer offenen Gesellschaft herausgestellt. Er hat die einflussreichste Kritik des Hegel-Marxschen Geschichtsdeterminismus vorgelegt und ist zugleich, neben Hannah Arendt, als der herausragendste Vertreter der Totalitarismuskritik im 20. Jahrhundert aufgetreten. Als solcher war er für die deutsche Diskussion der wichtigste philosophische Widerpart sowohl der antidemokratischen Rechten Carl Schmittscher und Heideggerscher Provenienz als auch der neomarxistischen Linken vom utopischen Denken Ernst Blochs bis zum Kulturpessimismus der Frankfurter Schule.

Über seine Utopie- und Totalitarismuskritik hinaus muss Popper aber auch als Demokratietheoretiker gewürdigt werden, der die Frage der institutionellen Kontrolle politischer Macht in den Mittelpunkt seines politischen Denkens

---

Vielleicht gehört Poppers Werk gerade deshalb in die Reihe der großen philosophischen Theorien, weil er noch einen klugen Umgang mit Traditionen unterhält, die manche in seinem Gefolge kaum dem Namen nach kennen.

Jürgen Habermas,
›Gegen einen positivistisch halbierten Rationalismus‹ (1964)

gestellt hat. Seine Ablehnung revolutionärer gesellschaftlicher Umgestaltung zugunsten einer schrittweisen Reform hat nicht nur zur Stärkung des Selbstverständnisses demokratischer Politik maßgeblich beigetragen; die hierüber mit dem Neomarxismus geführte Debatte ist nicht zuletzt durch die politischen Ereignisse der Jahre 1989/90 in der westlichen Öffentlichkeit längst zu seinen Gunsten entschieden worden. Popper, der heimliche Philosoph der demokratischen Wende in Osteuropa, hat mit seinem an John Stuart Mill anknüpfenden sozialreformerischen Liberalismus den in den westlichen Gesellschaften allgemein akzeptierten demokatischen Grundkonsens formuliert.

Mit seiner Platon-Deutung hat er den politischen Heiligenschein, den das Platon-Bild der traditionellen philosophischen Historiographie umgibt, zerstört und die totalitären Tendenzen in Platons Denken offen gelegt. Zu den namhaften Denkern, die ihm in dieser Einschätzung folgten, gehören Gilbert Ryle und Bertrand Russell.

Mit seiner Spätphilosophie der drei Welten ist Popper zum Metaphysiker geworden. Sein Bekenntnis zur Willensfreiheit und zum Leib-Seele-Dualismus wird allerdings innerhalb der materialistisch orientierten analytischen Philosophie des Geistes nur von wenigen geteilt. Nicht zuletzt seine Verknüpfung von traditionellem Platonismus und historisch-evolutionärem Denken, verbunden mit der überraschenden These, dass Evolutionstheorie und Materialismus unvereinbar sind, hat Widerspruch erfahren.

Und doch hat Popper in der von ihm aufgezeigten Möglichkeit einer »rational argumentierenden« Metaphysik dieser klassischen Disziplin einen neuen Weg eröffnet. Als

Ich glaube, daß Popper Erfolg hatte, wo er Kant versagt blieb: bei der Lösung von Kants Problem – der Versöhnung und Erklärung der gültigen Elemente von Intellektualismus und Empirismus bei gleichzeitiger Vermeidung ihrer jeweiligen Irrtümer.

William Bartley,
›Flucht ins Engagement‹ (2. Aufl. 1984)

Beispiel kann seine Freiheitstheorie gelten, in der er in origineller Weise evolutionstheoretische und quantenphysikalische Überlegungen verknüpft. Das Verdienst von Poppers Metaphysik besteht darin, den vielleicht einzig möglichen Weg eingeschlagen zu haben, ein nichtmaterialistisches Menschenbild mit der Evolutionstheorie in Einklang zu bringen.

In einem Jahrhundert, in dem im Anschluss an Nietzsche von Heidegger bis zur Postmoderne zielstrebig der Versuch unternommen wurde, die Gedanken der Rationalität und Wissenschaftlichkeit zu »dekonstruieren«, hat Karl Raimund Popper ebenso zielstrebig wie erfolgreich ihre Überlebensfähigkeit demonstriert.

61 Popper am Schreibtisch, lesend

Zeittafel

1902 28. Juli: Karl Raimund Popper wird als drittes Kind des Rechtsanwalts Simon Siegmund Carl Popper und seiner Frau Jenny, geb. Schiff, geboren.

1908–1918 Schulzeit. Abgang vom Realgymnasium ohne Abschluss

1918–1921 Jahre der Rebellion: Anschluss an die sozialistische Arbeiterbewegung. Sozialarbeit und Gasthörer an der Universität

1919 Jahr der »Schlüsselerlebnisse«: Abkehr vom Kommunismus

1921 Schüler am Wiener Konservatorium

1922 Abitur als Externer

1922–1924 Tischlerlehre und Ausbildung zum Grundschullehrer

1925–1929 Studium am Pädagogischen Institut und an der Universität bei Bühler und Schlick. Lernt Josefine Henninger (»Hennie«) kennen

1927 Pädagogische Abschlussarbeit: ›»Gewohnheit« und »Gesetzeserlebnis« in der Erziehung‹

1928 Dissertation: ›Zur Methodenfrage der Denkpsychologie‹

1929 Popper erhält Lehrbefähigung als Hauptschullehrer für Physik und Mathematik mit der Arbeit ›Axiome, Definitionen und Postulate in der Geometrie‹. Kontakte zum Wiener Kreis

1930 Anstellung als Lehrer. 11. April: Heirat mit Hennie

1930–1932 Entstehung des Manuskripts ›Die beiden Grundprobleme der Erkenntnistheorie‹

1932 Depression und Verlagssuche. Am 22. Juni Tod des Vaters. Freitod der Schwester Dora. Im Sommer gemeinsamer Urlaub mit Carnap und Feigl in Tirol

1934 Im November erscheinen die überarbeiteten ›Grundprobleme‹ unter dem neuen Titel ›Logik der Forschung‹.

1935 Teilnahme am »1. Internationalen Kongreß für Einheit der Wissenschaft« in Paris. Bekanntschaft mit Tarski. Im September Beginn eines neunmonatigen England-Aufenthalts

1936 Beginn der Freundschaft mit Gombrich. Treffen mit Schrödinger, Moore und Russell. Teilnahme an Hayeks Londoner Seminar und am »2. Internationalen Kongreß für Einheit der Wissenschaft« in Kopenhagen. Treffen mit Bohr. Am 22. Juni Ermordung Schlicks in Wien. Stellenzusage aus Neuseeland

1937 März: Antritt der Dozentur am Canterbury University College in Christchurch

1938 Tod der Mutter. Hitler annektiert Österreich.

1940 ›Was ist Dialektik?‹ erscheint.

1944 Beginn der Freundschaft mit Eccles. ›Das Elend des Historizismus‹ erscheint in der Zeitschrift ›Economica‹.

1945 ›Die offene Gesellschaft und ihre Feinde‹ erscheint.

1946 Januar: Antritt der Dozentur an der LSE. 25. Oktober: Zusammenstoß mit Wittgenstein anlässlich eines Vortrags in Cambridge

1948 Erstmals Teilnahme an den »Alpbacher Hochschulwochen«

1949 Professor für Logik und Wissenschaftstheorie an der LSE. Britischer Staatsbürger

1950 Gastprofessur in den USA. Diskussionen mit Einstein und Bohr. Kauf des Hauses »Fallowfield« in Penn (Buckinghamshire)

1955 Beginn der Arbeit an der englischen Übersetzung der ›Logik der Forschung‹ und am ›Postscript‹

1957 Augenleiden. ›Die offene Gesellschaft und ihre Feinde‹ erscheint auf Deutsch. ›Das Elend des Historizismus‹ erscheint in Buchform.

1959 Die englische Übersetzung der ›Logik der Forschung‹ erscheint.

1961 Referat über ›Die Logik der Sozialwissenschaften‹ auf dem Tübinger Soziologentag löst den »Positivismusstreit« aus.

1963 ›Vermutungen und Widerlegungen‹ erscheint.

1965 Erhebung in den Adelsstand

1969 Emeritierung

1971 Januar: Konfrontation Poppers und Marcuses im Fernsehen

1972 ›Objektive Erkenntnis‹ erscheint.

1973 Viermonatige Weltreise

1974 Die beiden Popper-Bände in Schilpps ›Library of Living Philosophers‹ mit Poppers Autobiographie erscheinen. September: Zusammenarbeit mit Eccles führt zum Manuskript ›Das Ich und sein Gehirn‹.

1976 Die Autobiographie erscheint gesondert unter dem Titel ›Unended Quest‹. Aufnahme in die »Royal Society«. Popper und seine Frau nehmen wieder die österreichische Staatsbürgerschaft an.

1977 ›Das Ich und sein Gehirn‹ erscheint.

1979 ›Die beiden Grundprobleme der Erkenntnistheorie‹ erscheint. Die deutsche Übersetzung der Autobiographie erscheint unter dem Titel ›Ausgangspunkte‹.

1983 Februar: Altenberger Kamingespräch mit K. Lorenz

1984 ›Auf der Suche nach einer besseren Welt‹ erscheint.

1985 Zeitweilige Übersiedlung nach Wien. Hennie stirbt dort im November.

1986 Ablehnung des Angebots, die Leitung eines Ludwig Boltzmann Instituts in Wien zu übernehmen. Rückkehr nach England. Verkauf von Fallowfield. Übersiedlung nach Kenley (Surrey)

1990 ›Eine Welt der Propensitäten‹ erscheint.

1992 Vortrag in Sevilla über den ›Kollaps des Kommunismus‹

1994 ›Alles Leben ist Problemlösen‹, ›The Myth of Framework‹ und ›Knowledge and the Mind-Body Problem‹ erscheinen. Open Society Preis in Prag.
17. September: Popper stirbt in London.

1998 ›Die Welt des Parmenides‹ erscheint aus dem Nachlass.

Bibliographie

1. Werke Poppers

In den runden Klammern finden sich die Jahreszahlen der ersten Auflage und in den eckigen Klammern die Kürzel der zitierten Werke.

Logik der Forschung (1934), 10. Aufl. Tübingen 1994 [= LdF]
The Poverty of Historicism, London 1944/45, dt.: Das Elend des Historizismus (1965), 6. Aufl. Tübingen 1987 [= EH]
The Open Society and Its Enemies, Vol. I: The Spell of Plato, Vol. II: The High Tide of Prophesy: Hegel, Marx and the Aftermath, London 1945, dt.: Die offene Gesellschaft und ihre Feinde, Bd. I: Der Zauber Platons, Bd. II: Falsche Propheten. Hegel, Marx und die Folgen, (1957/58), 5. Aufl. München 1977 [= OG I–II]
Conjectures and Refutations, London 1963, dt.: Vermutungen und Widerlegungen, Teilband I Tübingen 1994, Teilband II Tübingen 1997 [= VuW]
Objective Knowledge. An Evolutionary Approach, Oxford 1972, dt.: Objektive Erkenntnis. Ein evolutionärer Entwurf, Hamburg 1973 [= OE]
Unended Quest. An Intellectual Autobiography, London 1976, dt.: Ausgangspunkte. Meine intellektuelle Entwicklung, Hamburg 1979 [= A]
The Self and Its Brain. An Argument for Interactionism (zusammen mit John C. Eccles), Berlin – Heidelberg – London – New York 1977, dt.: Das Ich und sein Gehirn (1982), 5. Aufl. München 1985 [= IuG]
Die beiden Grundprobleme der Erkenntnistheorie, hg. von T. E. Hansen, Tübingen 1979
Quantum Theory and the Schism of Physics. From the Postscript of the Logic of Scientific Discovery, ed. by W. W. Bartley III, London 1982, dt.: Quantentheorie und das Schisma der Physik, Tübingen 2001
The Open Universe. An Argument for Indeterminism. From the Postscript of the Logic of Scientific Discovery, ed. by W. W. Bartley III, London 1982, dt.: Das offene Universum, Tübingen 2001
Realism and the Aim of Science. From the Postscript of the Logic of Scientific Discovery, ed. by W. W. Bartley III, London 1983
Auf der Suche nach einer besseren Welt (1984), München 1984 [= SbW]
A World of Propensities, Bristol 1990, dt.: Eine Welt der Propensitäten, Tübingen 1995
The Myth of Framework. In Defense of Science and Rationality, ed. by M. A. Notturno, London 1994
The Body-Mind sProblem. In Defense of Interaction, ed. by M. A. Notturno, London 1994
Alles Leben ist Problemlösen, München 1994 [= LP]
Karl Raimund Popper Lesebuch. Ausgewählte Texte aus Erkenntnis-

theorie, Philosophie der Naturwissenschaften, Metaphysik, Sozialphilosophie, hg. von David Miller, Tübingen 1995

The World of Parmenides – Essays on the Presocratic Enlightenment, ed. by A. F. Petersen, London – New York 1998, dt.: Die Welt des Parmenides. Der Ursprung des europäischen Denkens, München 2001 [= WdP]

2. Interviews und Diskussionen

Stark, Franz (Hg.): Revolution oder Reform? Herbert Marcuse und Karl Popper. Eine Konfrontation, München 1971 [= RoR]

Gespräche mit Herbert Marcuse, Frankfurt/M. 1978

Popper, Karl R. / Kreuzer, Franz: Offene Gesellschaft – Offenes Universum. Ein Gespräch über das Lebenswerk des Philosophen, München 1982 [= OU]

Kreuzer, Franz (Hg.): Karl R. Popper / Konrad Lorenz: Die Zukunft ist offen. Das Altenberger Gespräch, München 1985 [= ZO]

»Ich weiß, dass ich nichts weiß – und kaum das«, Karl Popper im Gespräch über Politik, Physik und Philosophie, Frankfurt/M. – Berlin 1991, (Orig. Bonn: DIE WELT) [= NW]

Popper, Karl: »Ideologien machen die Menschen blind gegenüber der Wirklichkeit«, in: Sommer, N. (Hg.): Der Traum aber bleibt, Berlin 1992, S. 84–92

3. Sekundärliteratur

Agassi, Joseph: A Philosopher's Apprentice. In Karl Popper's Workshop, Amsterdam – Atlanta, G. A. 1993

Albert, Hans: Traktat über kritische Vernunft, 5. Aufl. Tübingen 1991

Albert, Hans: Traktat über rationale Praxis, Tübingen 1978

Albert, Hans: Karl Popper (1902–1994), in: Zs. f. allg. Wissenschaftstheorie, Vol. 26, 1995, S. 207–225

Alt, Jürgen August: Karl R. Popper, Frankfurt/M. – New York 1992

Andersson, Gunnar: Kritik und Wissenschaftsgeschichte. Kuhns, Lakatos' und Feyerabends Kritik des Kritischen Rationalismus, Tübingen 1988

Bartley, William W. III: Ein schwieriger Mensch, in: Nordhofen, E. (Hg.): Physiognomien, Königstein/T. 1980, S. 43–69

Baum, W. / González, K. E.: Karl R. Popper, Berlin 1994

Belke, Ingrid: Karl. R. Popper im Exil in Neuseeland von 1937 bis 1945, in: Stadler, Friedrich (Hg.): Vertriebene Vernunft, Bd. II: Emigration und Exil österreichischer Wissenschaft 1930–1940, Wien – München 1988, S. 140–154.

Döring, Eberhard: Karl R. Popper. Einführung in Leben und Werk, Hamburg 1987

Döring, Eberhard: Karl R. Poppers ›Die offene Gesellschaft und ihre Feinde‹. Ein einführender Kommentar, München 1996

Eccles, John C.: My Living Dialogue with Popper, in: Levinson (1982), S. 221–236

Edmonds, David J. / Eidinow, John A.: Wie Ludwig Wittgenstein Karl Popper mit dem Feuerhaken drohte. Eine Ermittlung, Stuttgart – München 2001

Feyerabend, Paul: Wider den Methodenzwang. Skizzen einer anarchistischen Erkenntnistheorie, Frankfurt/M. 1976

Feyerabend, Paul: Unterwegs zu einer dadaistischen Erkenntnistheorie, in: Hans Peter Duerr (Hg.): Unter dem Pflaster liegt der Strand, Band 4, Berlin 1981, S. 9–88

Feyerabend, Paul: Zeitverschwendung, Frankfurt/M. 1995

Geier, Manfred: Karl Popper, Reinbek bei Hamburg 1992
Gombrich, Ernst H.: What I Learned from Karl Popper, Interview with the Editor, in: Levinson (1982), S. 203–220
Gombrich, Ernst H.: The Open Society and Its Enemies: Remembering Its Publication Fifty Years Ago, LSE Discussion Paper Series, London 1995
Hacohen, Malachi Haim: Karl Popper – The Formative Years, 1902–1945, Cambridge 2000
Jarvie, Ian C.: Sir Karl Popper, in: Otto Molden (Hg.): Krise der Moderne?, Europäisches Forum Alpbach 1988, Wien 1989, S. 417–427
Keuth, Herbert: Die Philosophie Karl Poppers, Tübingen 2000
Kiesewetter, Hubert: Karl Popper – Leben und Werk, o. O. 2001
Kuhn, Thomas S.: Die Struktur wissenschaftlicher Revolutionen, Frankfurt/M. 1967
Lakatos, Imre: Popper zum Abgrenzungs- und Induktionsproblem, in: Hans Lenk (Hg.): Neue Aspekte der Wissenschaftstheorie, Braunschweig 1971, S. 75–110
Magee, Bryan: Karl Popper, Tübingen 1986
Magee, Bryan: Bekenntnisse eines Philosophen, München 1998
Miller, David: Sir Karl Raimund Popper. 28 July 1902 – 17 September 1994, in: Biogr. Mems Fell. R. Soc. Lond. 43, S. 367–409
Musgrave, Alan: Alpbacher Porträt: Karl Popper, in: Heinrich Pfurtscher-schmid-Hartenstein (Hg.): Das Ganze und seine Teile, Europäisches Forum Alpbach 1995, Wien 1996, S. 279–292
Radnitzky, Gerard: Karl R. Popper, Sankt Augustin 1995
Schäfer, Lothar: Karl R. Popper, München 1988
Shearmur, Jeremy: The Political Thought of Karl Popper, London – New York 1996
Spinner, Helmut: Popper und die Politik. Band 1: Geschlossenheitsprobleme, Berlin – Bonn 1978
Watkins, John W. N.: Karl Raimund Popper – Die Einheit seines Denkens, in: Speck, J. (Hg.): Grundprobleme der großen Philosophen: Philosophie der Gegenwart, Bd. I, Göttingen 1972, S. 151–224
Watkins, John W. N.: Karl Raimund Popper 1902-1994, in: Proceedings of the British Academy, Bd. 94, 1997, S. 645–684

4. Sammelbände

Albert, Hans / Salamun, Kurt (Hg.): Mensch und Gesellschaft aus der Sicht des Kritischen Rationalismus, Amsterdam – Atlanta 1993
Lakatos, Imre / Musgrave, Alan (Hg.): Kritik und Erkenntnisfortschritt, Braunschweig 1974
Levinson, Paul (Hg.): In Pursuit of Truth. Essays in Honour of Karl Popper's 80th Birthday, Atlantic Highlands 1982
Lührs, G. u. a. (Hg.): Kritischer Rationalismus und Sozialdemokratie, Berlin – Bonn-Bad Godesberg, Bd. 1 1975, Bd. 2 1976
Salamun, Kurt (Hg.): Karl R. Popper und die Philosophie des Kritischen Rationalismus. Zum 85. Geburtstag von Karl R. Popper, Amsterdam – Atlanta 1989
Salamun, Kurt (Hg.): Moral und Politik aus der Sicht des Kritischen Rationalismus, Amsterdam – Atlanta 1991
Schilpp, Paul A. (Hg.): The Philosophy of Karl Popper, 2 Bde., La Salle / Illinois 1974

Register

Bildnachweis

© VG Bild-Kunst, Bonn 2002 9 / Axel Springer Verlag, Berlin 48 / Hans Albert, Heidelberg 39, 40, 41, 42, 43, 44, 57, 54 / Archiv für Kunst und Geschichte, Berlin 2, 8, 14, 15, 18, 23, 24, 29, 33, 35, 36, 37, 45, 46, 47, 51, 56, 59, 60 / Bildarchiv der Österreichischen Nationalbibliothek, Wien 10 / Bildarchiv Preussischer Kulturbesitz, Berlin 30 / Estate of Sir Karl Popper, London 1, 3, 4, 5, 6, 7, 12, 13, 16, 17, 19, 20, 21, 22, 25, 27, 34, 49, 50, 52, 58, 61 / Foto-Archiv R. Piper & Co Verlag, München 28 / Glyptothek, München 32 / Martin Morgenstern, St. Wendel 11 / Robert Zimmer, Berlin 26, 38

dtv portrait

Herausgegeben von Martin Sulzer-Reichel
Originalausgaben

Biographien bedeutender Frauen und Männer aus Geschichte, Literatur, Philosophie, Kunst und Musik